Beck'sche Reihe
BsR 513
Große Denker

Im deutschsprachigen Raum gilt Michel Foucault, Autor umstrittener Bücher wie „Wahnsinn und Gesellschaft“, „Die Ordnung der Dinge“, „Archäologie des Wissens“, „Überwachen und Strafen“ und „Sexualität und Wahrheit“, immer noch als Verfechter eines relativistischen Irrationalismus. Doch der postmoderne Abschied von der Vernunft ist nie sein Thema gewesen. Auch sein Verhältnis zur Aufklärung und zum Marxismus ist differenzierter, als eine oberflächliche Lektüre seiner Bücher vermuten läßt. Als Kant seine Philosophie auf die Frage nach dem Menschen bezog, stürzte er damit das europäische Denken in eine heillose Verwirrung: dies ist die Ausgangsthese von Foucaults Überlegungen. Weder die nachkantischen Philosophien noch die Humanwissenschaften sind seiner Ansicht nach fähig gewesen, die Frage „Was ist der Mensch?“ zufriedenstellend zu beantworten. Den Aussagen der Humanwissenschaften mißtraut Foucault deshalb, weil diese in ihrem Bemühen, die Menschen zu erkennen und zu definieren, immer zugleich soziale Normen festlegen oder reproduzieren. Nicht, was die Menschen sind, sondern was sie sein könnten, wie sie anders leben, handeln, denken, ihre sozialen Beziehungen gestalten könnten, muß nach Foucault der Gegenstand einer neuen Philosophie, einer neuen Ethik und einer neuen Politik sein. Die vorliegende Einführung in das Denken Foucaults gibt einen Überblick über seine kritische Geschichte der Humanwissenschaften und untersucht deren philosophische Voraussetzungen. Sie geht überdies der Frage nach, welches Verständnis vom Auftrag der Intellektuellen Foucaults Arbeit zugrundeliegt.

Urs Marti, geboren 1952, Dr. phil., ist wissenschaftlicher Assistent am Philosophischen Institut der Universität Bern mit den Arbeitsschwerpunkten Politische Philosophie des 19. Jahrhunderts und zeitgenössische französische Philosophie.

Die Reihe „Große Denker“ (siehe S. 184) wird herausgegeben von *Otfried Höffe*, Professor für Ethik und Politische Philosophie sowie Direktor des Internationalen Instituts für Sozialphilosophie und Politik der Universität Freiburg, Schweiz.

URS MARTI

Michel Foucault

VERLAG C.H.BECK MÜNCHEN

Mit 5 Abbildungen
(aus: Michel Foucault. Eine Geschichte der Wahrheit.
Raben Verlag, München 1987, S. 37, 45, 73, 75, 95)

CIP-Kurztitelaufnahme der Deutschen Bibliothek

Marti, Urs:
Michel Foucault / Urs Marti. – Orig.-Ausg. – München :
Beck, 1988.
(Beck'sche Reihe ; Bd. 513: Große Denker)
ISBN 3 406 32980 2
NE: GT

Originalausgabe
ISBN 3 406 32980 2

Einbandentwurf von Uwe Göbel, München
Umschlagbild: Süddeutscher Verlag, München

Gesamtherstellung: C. H. Beck'sche Buchdruckerei, Nördlingen
Printed in Germany

Inhalt

Für Stefanie Brander

Für Hinweise und Verbesserungsvorschläge danke ich Thomas Adank, Stefanie Brander, Georg Janoska, Alex Sutter und Jean-Claude Wolf.

Ein besonderer Dank gilt Walter Seitter, der mir sein Exzerpt vom unveröffentlichten Foucault-Text über Kants Anthropologie zur Verfügung gestellt hat.

Paris und Bern, Juni 1987 *Urs Marti*

I. Der maskierte Philosoph – Elemente einer Biographie

So vehement auch Michel Foucault den Klassikern des abendländischen Denkens widersprochen haben mag, in einem Punkt hat er sich doch mit ihnen gefunden: Auch er wollte nur sein Werk sprechen lassen, von sich selbst aber schweigen. Er hat von einer Kultur geträumt, die sich nicht darum kümmert, wer spricht, sondern ihre ganze Aufmerksamkeit dem Gesagten schenkt. Das Spiel mit der Maske und die Weigerung, sich auf eine ihm zugeschriebene Identität verpflichten zu lassen, hat in seinen Schriften Spuren hinterlassen. Oft sind die folgenden Worte zitiert worden, die das erste Kapitel der *Archäologie des Wissens* beschließen: „... nein, nein, ich bin nicht da, wo Ihr mich vermutet, sondern ich stehe hier, von wo aus ich Euch lachend ansehe ... Mehr als Einer schreibt wahrscheinlich wie ich und hat schließlich kein Gesicht mehr. Man frage mich nicht, wer ich bin, und man sage mir nicht, ich solle der Gleiche bleiben: das ist eine Moral des Personenstandes; sie beherrscht unsere Papiere. Sie soll uns freilassen, wenn es sich darum handelt, zu schreiben."

Nicht einem einmal gewählten Weg treu bleiben, sondern möglichst viele Wege auskundschaften, ist Foucaults Devise gewesen. Mit der Sehnsucht nach dem Inkognito verbindet sich bei ihm die Lust am Experimentieren, denn die philosophische Tätigkeit darf nicht darin bestehen, das gesammelte Wissen zu behüten und zu verwalten, vielmehr soll sie neue Möglichkeiten des Denkens erproben. Im kurz vor seinem Tod erschienenen zweiten Band der *Geschichte der Sexualität* erklärt er die Neugierde zum Motiv seines neuerwachten Interesses für die antike Ethik, eine Neugierde, die sich ihren Forschungsgegenstand nicht anzueignen suche, sondern die es erlaube, sich von sich selbst freizumachen.

Es sei der ,,Ehrgeiz des Intellectes, nicht mehr individuell zu erscheinen", so wußte bereits Nietzsche (*Vermischte Meinungen und Sprüche*, 156). Doch so leicht ist dieser Ehrgeiz nicht zu befriedigen. Die Zeitung *Le Monde* publizierte 1980 ein Gespräch mit einem ,,philosophe masqué". Der Befragte vertrat darin die Ansicht, Anonymität sei eine Chance, beim Publikum noch Gehör zu finden, weil es sich mit dem Gesagten auseinandersetzen müsse, anstatt die geheimen Absichten des Autors zu interpretieren. Er wies überdies auf die verderbliche Manie der Leute hin, unaufhörlich zu richten und die Intellektuellen für alle möglichen Übelstände verantwortlich zu erklären. Kurz nach Foucaults Tod lüftete *Le Monde* das Geheimnis: Foucault war der maskierte Philosoph gewesen. Die Maske ist zu seinem Charaktermerkmal geworden und hat ihren Zweck nicht erreicht.

Diese Präliminarien mögen zeigen, wie schwierig es ist, eine Biographie Foucaults zu schreiben. Wir sind diesbezüglich auf zwei kleine Texte angewiesen: auf ein Gespräch, das Foucault im Sommer 1982 mit Stephen Riggins geführt hat und das 1983 in der kanadischen Zeitschrift *Ethos* erschienen ist, sowie auf die Chronologie, die Foucaults Freund Daniel Defert für den 1985 erschienenen Foucault-Gedenkband erstellt hat.

Michel Foucault wird am 15. Oktober 1926 in Poitiers als Sohn einer Arzt-Familie geboren. In dieser Stadt wächst er in einem katholisch geprägten Milieu auf und absolviert dort auch die ersten Gymnasialjahre. Soweit seine Erinnerungen zurückreichten, so hat er Riggins anvertraut, stets habe ihm die politische Situation die stärksten Impressionen vermittelt. Diese politische Situation aber erlebt er als bedrohlich, als Gewalt und Krieg, Flüchtlingselend und Besetzung des Landes durch die Nationalsozialisten. 1945 besucht er das Lycée Henri IV in Paris, wo der Hegel-Übersetzer und -Interpret Jean Hyppolite Philosophie unterrichtet. 1946 tritt er in die Ecole normale supérieure ein und wird dort Schüler Louis Althussers, mit dem ihn seither Freundschaft verbindet. Der damals kaum 30jährige Althusser ist in den 60er Jahren als Haupt der ,,strukturalistischen" Marx-Interpretation bekannt geworden.

1948 erwirbt Foucault ein Lizentiat in Philosophie, im Jahr darauf ein zweites in Psychologie, 1951 seine philosophische „agrégation", 1952 schließlich ein Diplom für Psycho-Pathologie am Psychologischen Institut von Paris. Zwei Jahre lang hat er dafür am Pariser Hôpital Sainte-Anne gearbeitet. Da er als Psychologe – im Unterschied zu den Psychiatern – keinen klaren berufsmäßigen Status besitzt, findet er sich bald in einer Position zwischen Patienten und Personal, ein Umstand, der sich zweifellos auf seine späteren wissenschaftlichen Interessen ausgewirkt hat. In jene Zeit fällt auch seine kurze Mitgliedschaft in der Kommunistischen Partei. 1952 wird er Assistent an der faculté des lettres der Universität von Lille. Er entdeckt die serielle Musik, mit deren führendem Vertreter Pierre Boulez er später freundschaftliche Kontakte pflegen wird. 1954 publiziert er seine ersten Schriften: eine kleine Abhandlung zum Thema *Geisteskrankheit und Persönlichkeit* sowie eine umfangreiche Einführung zur französischen Übersetzung von Ludwig Binswangers *Traum und Existenz.*

1955 verläßt Foucault Frankreich, weil er den beengenden Sitten dieses Landes entfliehen will. Er reist nach Schweden und wirkt drei Jahre lang als Lektor an der Universität von Uppsala. Doch auch die im Vergleich zu Frankreich viel freiere schwedische Gesellschaft erlebt er als restriktiv. 1958 geht er nach Warschau, wo er ein Jahr lang dem „Centre français" der dortigen Universität vorsteht. 1959 übernimmt er die Leitung des „Institut français" in Hamburg. Er übersetzt Kants *Anthropologie in pragmatischer Hinsicht.* 1960 kehrt er nach Frankreich zurück. Er wird Dozent für Psychologie, 1962 Professor an der Universität von Clermont-Ferrand. 1961 veröffentlicht er die erste seiner Studien zur *Archäologie der Humanwissenschaften;* sie ist dem Thema des Wahnsinns im Zeitalter der Aufklärung gewidmet. *Folie et déraison* bildet zusammen mit der Kant-Übersetzung und einer dazugehörigen Einleitung Foucaults philosophische Doktorats-These. 1963 erscheinen *Naissance de la clinique* und *Raymond Roussel,* 1966 *Les mots et les choses,* das Buch, das ihn einem breiteren Publikum bekannt macht und zugleich Gegenstand heftiger Polemiken wird.

Im gleichen Jahr wird Foucault an die Universität von Tunis entsandt. 1967 erfolgt zwar die Wahl an die Universität von Nanterre, die jedoch vom damaligen Erziehungsminister Alain Peyrefitte nicht bestätigt wird. Foucault erlebt den Ausbruch der Studentenrevolte in Tunis. Nach Frankreich zurückgekehrt, beteiligt er sich am Aufbau des „Centre universitaire expérimental" von Vincennes, der Reformuniversität von 1968; er ist verantwortlich für das Departement Philosophie. Ein Jahr darauf – es ist das Erscheinungsjahr von *L'archéologie du savoir* – wird er ans „Collège de France" gewählt. Im Dezember 1970 hält er dort seine Inauguralvorlesung unter dem Titel *L'ordre du discours*. Ein wichtiger Teil seiner Arbeit, die sich immer deutlicher auf die Beziehungen zwischen Machtausübung, politisch-sozialen Institutionen und Erkenntnisformen konzentriert, findet von nun an am Collège statt.

Im Februar 1971 gründet Foucault zusammen mit einigen Intellektuellen den „Groupe information sur les prisons" (GIP), eine Organisation, die sich kritisch mit der Situation in den Gefängnissen auseinandersetzt. Diese Initiative ist nur der Anfang einer ganzen Reihe von politischen Interventionen. Foucault gehört wie Jean-Paul Sartre, Régis Debray und Claude Mauriac, dem wir übrigens einige Zeugnisse über Foucaults militante Erfahrungen verdanken, zu jener Gruppe engagierter Intellektueller, die mit ihrem Protest die Öffentlichkeit auf Übergriffe der Polizei, auf rassistische Praktiken oder auf die Repression in anderen Ländern aufmerksam machen. Diese politische Tätigkeit ist begleitet von einer theoretischen Reflexion über die Funktion des Intellektuellen. Seit 1970 entfaltet Foucault überdies eine internationale Vortragstätigkeit, die ihn in die USA, nach Kanada, Japan und Brasilien – ein Land, das er bereits 1965 kennengelernt hat – führt. Diese Reisen benutzt er zum Teil auch dazu, Informationen über Strafsysteme anderer Länder zu sammeln.

Foucaults Beschäftigung mit dem Problem von Strafe und Strafinstitutionen hat ihren Niederschlag 1975 mit der Publikation von *Surveiller et punir*, seines vielleicht populärsten Buches, gefunden. Ein Jahr darauf erscheint der erste Band einer

Geschichte der Sexualität unter dem Titel *La volonté de savoir*. Ins gleiche Jahr fallen Aufenthalte in Brasilien und Kalifornien. 1977 beginnt sich Foucault für das Los der sowjetischen Dissidenten zu interessieren. 1978 begibt er sich in den Iran, wo er das Ende des Schah-Regimes miterlebt und für die italienische Tageszeitung *Corriere della sera* festhält. Angesichts der großen Erwartungen, die er in die iranische Revolution gesetzt hat, bedeutet die Entwicklung des Khomeini-Regimes eine bittere Enttäuschung für ihn. In der kommenden Zeit wird es ruhiger um ihn. Als 1981 die Linke die Regierungsmacht übernimmt, lehnt er trotz mancher Sympathien für die Sozialistische Partei eine engere Zusammenarbeit ab. Im Dezember des gleichen Jahres protestiert er zusammen mit Pierre Bourdieu und mehreren Intellektuellen gegen die Machtergreifung General Jaruzelskis in Polen. Künftig pflegt er intensive Kontakte zur sozialistischen Gewerkschaft CFDT und zur Pariser Gruppe der polnischen Untergrundgewerkschaft Solidarnosc. Theoretisch beschäftigen ihn neben Fragen der neuzeitlichen Regierungstechniken immer stärker auch ethische Probleme. 1984 erscheinen der zweite und der dritte Band der *Geschichte der Sexualität*. Michel Foucault stirbt kurz darauf, am 25. Juni 1984, in Paris.

II. Die Archäologie der Humanwissenschaften

1. Vernunft und Wahnsinn

Die ersten Arbeiten von Foucault, der neben seiner philosophischen auch eine psychologische Ausbildung genossen und klinische Erfahrungen gesammelt hat, kreisen um das Thema der psychischen Krankheit. Ein Blick auf die frühen Versuche, diesen Gegenstand theoretisch zu fassen, zeigt, daß für ihn zunächst zwei Wege offenstehen: der Marxismus und die Phänomenologie.

Die 1954 erschienene kleine Abhandlung *Maladie mentale et personnalité* ist ein Versuch, die Eigenständigkeit der Psychologie gegenüber der somatischen Medizin zu beweisen. Foucault plädiert für eine Ergänzung der Psychoanalyse durch eine Phänomenologie der Geisteskrankheit, die es erlaubt, sich in die Erfahrung des Kranken hineinzuversetzen. Doch sowohl die Psychoanalyse wie die Phänomenologie seien nur fähig, die Erscheinungsformen der Krankheit zu zeigen, nicht aber die Bedingungen ihres Auftretens in der Gesellschaft zu erklären. Im zweiten Teil der Abhandlung zeigt sich Foucault als entschiedener Verfechter des Historischen und Dialektischen Materialismus. Die Widersprüche im Menschen können seiner Ansicht nach nur vor dem Hintergrund der Widersprüche der kapitalistischen Gesellschaft verstanden werden. Überdies will er der Psychologie eine materialistische Grundlage geben; im Anschluß an die sowjetrussischen Psychologen sucht er die psychischen Konflikte mit Hilfe der Pavlowschen Theorie der bedingten Reflexe zu erklären. Das Faktum der psychischen Krankheit ist für den jungen Foucault ein Beweis dafür, daß die Revolution, die den Menschen wirkliche Freiheit bringen wird, noch aussteht. Da die bürgerliche Gesellschaft lediglich eine theoretische Freiheit und eine abstrakte Rechtsgleichheit anzubieten habe, vermöge sie den konkreten Menschen nicht gerecht zu werden.

In der Einleitung zur französischen Übersetzung von Binswangers *Traum und Existenz* stellt sich Foucault als Anhänger der Daseinsanalyse vor. Der schweizerische Psychiater Ludwig Binswanger[1] hat versucht, die psychoanalytische Therapie um eine auf der Phänomenologie Husserls und der Daseinsanalytik Heideggers basierende philosophische Reflexion zu bereichern. Freuds Begriff des Menschen als eines psychisch-biologischen Apparates wird von ihm als methodisches Ordnungsprinzip für das anthropologische Verständnis begrüßt. Doch sucht er den naturwissenschaftlichen Determinismus der Psychoanalyse zu überwinden, indem er die Lebens- bzw. Krankengeschichte als Weltentwurf interpretiert und damit in eine ethische Dimension stellt. Die Krankheit kann nur verstanden werden vor dem Hintergrund jener Dialektik, der das Schicksal der Existenz unterliegt: der Dialektik von ursprünglicher Freiheit, Entfremdung in die pathologische Subjektivität und Versöhnung mit dem Leben der Allgemeinheit. Foucault schließt sich dieser Deutung an und beginnt somit seine philosophische Laufbahn mit einem leidenschaftlichen Bekenntnis zum Menschen und zu seiner Freiheit.

Der 1957 erschienene Aufsatz *La recherche du psychologue* stellt einen weiteren Versuch dar, über die Bedingungen der Möglichkeit psychologischer Erkenntnis ins Klare zu kommen. Im Gegensatz zu den früheren, existenzphilosophisch geprägten Ansätzen verrät sich hier der Einfluß des Wissenschaftshistorikers Gaston Bachelard. Erkenntnis wird nicht mehr als Bewußtsein, sondern als Technik, Wissenschaft nicht mehr als reines Denken, sondern als Praxis begriffen. Zugleich weist Foucault auf die Grenzen der Wissenschaft, die sich in der sozialen Praxis zeigen: Arbeitspsychologie beispielsweise ist in einer Periode der Arbeitslosigkeit keine wissenschaftliche Theorie, sondern ideologische Handlangerin ökonomischer Strategien, wie er darlegt.

Die Abhandlung von 1954 erscheint 1962 unter dem Titel *Maladie mentale et psychologie* in zweiter Auflage; der zweite

Teil ist völlig überarbeitet. Foucault bringt die Zusammenhänge zwischen der pathologischen Abweichung und der Kulturordnung, innerhalb welcher sie erkannt wird, zur Sprache, wobei er im Gegensatz zu funktionalistischen Ansätzen die Geisteskrankheit nicht als Normverletzung versteht, sondern umgekehrt die Normdefinition als Hinweis auf das Selbstverständnis einer Gesellschaft. Dies ist übrigens eine der tragenden Thesen der ein Jahr zuvor erschienenen *Geschichte des Wahnsinns im klassischen Zeitalter*.

Folie et déraison. Histoire de la folie à l'âge classique markiert Foucaults Rückkehr zu einer philosophischen Fragestellung: Was auf dem Spiel steht, ist die Legitimität der abendländischen Vernunft. Tatsächlich geht es weniger um eine Geschichte des Wahnsinns denn um eine Geschichte der Vernunft, jener hochmütigen Haltung, die den Wahnsinn schweigen heißt, aus dem öffentlichen Leben verbannt und jeden Dialog verweigert. Da Foucault die psychiatrische Wissenschaft sogleich der Komplizenschaft anklagt, ist seiner Meinung nach auf ihre Auskünfte zum Thema Wahnsinn kein Verlaß. Da andererseits kein noch so behutsames Lauschen auf die kaum wahrnehmbaren Stimmen des Wahnsinns die Gewähr bietet, diesen in seiner ursprünglichen Realität wieder aufleben zu lassen, muß sich die Aufmerksamkeit auf die in der europäischen Kultur wirksamen Grenzziehungen richten.

Foucault nimmt den Faden seiner historischen Untersuchung in der Renaissance auf. In jenem Zeitalter, so befindet er, habe ein Dialog zwischen der Vernunft und dem Wahnsinn stattgefunden. Dem Wahnsinn – festgehalten im Bild des Narrenschiffs – ist eine ganze Reihe literarischer Werke gewidmet. Die Botschaft, die er verkündet, erinnert die Menschen an die Vergeblichkeit und Narrheit ihres Tuns. Doch diese Gestalt des Wahnsinns, die der Weise aus kritischer Distanz betrachtet, die ihm ein Lachen entlockt und nichts furchterregendes hat – an Erasmus' *Lob der Torheit* ist zu denken – ist laut Foucault bereits das Produkt einer Trennung. Die andere, tragische Erfahrungsweise des Wahnsinns entdeckt er in den kosmischen Visionen der bevorstehenden Apokalypse, in den Bildern von

Bosch und Breughel, und er diagnostiziert für die Renaissance eine Verdrängung solcher Untergangsängste.

Im späten Mittelalter sind zwar Maßnahmen des Ausschlusses und der Einsperrung gebräuchlich, eine systematische Ausschließung findet aber nach Foucaults Darstellung erst im Zeitalter der Klassik statt. Der gewaltsame Akt, der den Wahnsinn zum Schweigen bringt, ist auf verschiedenen Ebenen erkennbar. Es wird in dieser Studie eine Verknüpfung von Sozial-, Wissenschafts- und Philosophiegeschichte erprobt.

Politisch ist das 17. Jahrhundert in Frankreich gekennzeichnet durch den endgültigen Durchbruch der zentralistischen Tendenzen der absoluten Monarchie. Gleichzeitig wächst die politische und wirtschaftliche Macht des Bürgertums, das innerhalb der Strukturen des Absolutismus die Apparate der Justiz-, Polizei- und Finanzverwaltung zu besetzen beginnt. Philosophisch findet die neue Zeit ihren Ausdruck im Rationalismus von Descartes, in der Emanzipation der Philosophie von theologischer Vormundschaft.

Descartes stößt in der ersten *Meditation* auf seinem methodisch radikalisierten Weg des Zweifels, was in der Welt gewiß sei und was Schein, auf den Wahnsinn. Die Tatsache seiner körperlichen Anwesenheit – so argumentiert er – sei unbestreitbar, es sei denn, er wolle sich mit Wahnsinnigen vergleichen, die sich über ihre soziale Identität, ihr Aussehen, ihre physische Beschaffenheit nicht im klaren sind *(Meditationen I/4)*.[2] Hier kommt die entscheidende Wendung im Selbstverständnis der Vernunft zum Ausdruck. Die Welt gehört von jetzt ab ganz und gar dem denkenden Subjekt; der Wahnsinn ist zum Schweigen verurteilt worden, da er nicht mehr eine komplementäre Erfahrung, sondern bloß noch ein fehlendes Denkvermögen bezeichnet.

In seiner konkretesten Gestalt ist der Ausschluß des Wahnsinns in der Praxis der Internierung faßbar. 1656 wird das Dekret zur Gründung des ,,Hôpital général" in Paris erlassen. Nicht die Sorge um die Krankheit, sondern wirtschafts- und bevölkerungspolitische Motive liegen gemäß Foucault der Einrichtung der Anstalten zugrunde. Die absolute Macht des Königs findet in den nahezu unbeschränkten Entscheidungsbefugnissen der Anstaltsdirektoren ihre Entsprechung und Fortsetzung. Zweck der Internierungen ist die Bekämpfung der für die öffentliche Ordnung und für die familiäre Moral bedrohlichen Formen der Arbeitslosigkeit, der Bettelei und der Vagabondage. Die Anstalten haben den Auftrag, die Müßiggänger mittels physischer und moralischer Zwangsmaßnahmen, vor allem mittels Disziplinierung durch Arbeit, in sichere Autoritätsverhältnisse zurückzuführen. Im 17. Jahrhundert – so die zeitgenössische Klage – sei die Faulheit zum schlimmsten der Laster avanciert, sie ist die radikalste Form der Revolte gegen die göttliche und gesellschaftliche Ordnung. Zwar sind die Anstalten nicht von einem unmittelbar wirtschaftlichen Nutzen, da sie als Stätten billigster Arbeitskraft eine unerwünschte Konkurrenz schaffen, „bewährt" haben sie sich hingegen als Festungen einer unerbittlichen, entmündigenden und in der Praxis äußerst repressiven moralischen Ordnung, als Symbol einer „Polizei", die die Errichtung einer vollkommenen Stadt anstrebt. In die Verfolgung und Bestrafung des Müßigganges ist der Wahnsinnige miteinbezogen. Doch der Anstaltsinsasse ist in der Regel kein Kranker, sondern ein Mensch, der sich durch sein asoziales Verhalten von den normalen Menschen unterscheidet. Dies heißt nicht, daß der Wahnsinn mit Arbeitsverweigerung oder Straffälligkeit schlichtweg gleichgesetzt worden ist, selbst wenn er für das gesellschaftliche Empfinden primär ein Ärgernis darstellt. Es hat in der Klassik Versuche gegeben, ihn als Gegenstand der Heilkunde zu erfassen, doch das moralische Gewicht der Fragestellung hat solchen Versuchen enge Grenzen gesetzt. Im 18. Jahrhundert haben die Rechtsgelehrten die Kompetenz, den Wahnsinn zu definieren, für sich in Anspruch genommen. So ist denn die Geisteskrankheit, bevor sie zum Gegenstand der Medizin wird, ein Problem der Rechtslehre und der Politik: Als geisteskrank gilt das juristisch unfähige Subjekt sowie der Störer der sozialen Gruppe. Die Praxis der Internierung ist allerdings von juristischen Erwägungen nicht betroffen. Hier wird der Wahnsinn nicht als unverschuldete Geisteszerrüttung begriffen, sondern als freiwillige Verschwörung mit dem Bösen,

Abb. 1: Psychiatrische Anstalt – Italien. (Magnum/Raymond Depardon) „Die Konstituierung des Wahnsinns als Geisteskrankheit am Ende des achtzehnten Jahrhunderts trifft die Feststellung eines abgebrochenen Dialogs, ... Die Sprache der Psychiatrie, die ein Monolog der Vernunft über den Wahnsinn ist, hat sich nur auf einem solchen Schweigen errichten können. Ich habe nicht versucht, die Geschichte dieser Sprache zu schreiben, vielmehr die Archäologie dieses Schweigens." (Wahnsinn und Gesellschaft, S. 8)

die nach einer permanenten Bestrafung ruft. Aus dieser Perspektive kommt der Verlust der Menschlichkeit dem Rückfall in die Animalität gleich, die ihrerseits die Brutalität der Einkerkerung rechtfertigt.

Soweit Foucaults Beschreibung der Diskriminierung bestimmter Verhaltensformen im klassischen Zeitalter. Zwar konstatiert er für die betreffende Periode auch ein wissenschaftliches Interesse für den Wahnsinn, doch dieses sei mehr auf Klassifikationsschemata angewiesen denn auf empirische Beobachtung, die in den Anstalten stattfinden müßte. Der Wahnsinn – so lautet die These des Buches – ist im klassischen Zeitalter von einer eigenständigen Erfahrungsform zur negativen Kehrseite der Vernunft herabgemindert worden; er wird am Vorabend des 19. Jahrhunderts als psychologische Auswirkung einer letztlich moralischen Verfehlung begriffen, die ihrerseits in der Verletzung der natürlichen Lebensregeln besteht.

Gegen Ende des 18. Jahrhunderts stößt die Institution der Internierung zunehmend auf Kritik, besonders von seiten der Philanthropen, die sich gegen die unterschiedslose Behandlung von Irren und Verbrechern empören, sowie von seiten politischer Opponenten, die gegen die erniedrigende Einsperrung protestieren, in welcher die stete Präsenz des Wahnsinns zum stärksten Bild eines bestialischen Despotismus wird. Überdies wird im aufsteigenden Kapitalismus die Aussonderung der Armen aus der Volkswirtschaft kritisiert. Doch die Rehabilitation dieser potentiellen Arbeitskräfte erstreckt sich nicht auf die Kranken, da sie zum gesellschaftlichen Reichtum nichts beitragen können. Die Pflege der Kranken ist gemäß der Auffassung liberaler Ökonomen eine Pflicht der Familie, nicht des Gemeinwesens. Die Familie erscheint schon deshalb als der ideale Ort der Heilung, weil sie dem Kranken gegenüber sowohl eine übergeordnete Vernunft repräsentiert als auch eine vertraute Umgebung gewährt.

Aufklärung und Französische Revolution haben den Menschen zum vernunftbegabten Subjekt und zum freien Glied der Gesellschaft erhoben. Das Recht auf Freiheit leitet sich von der Fähigkeit zum Vernunftgebrauch ab. Ist die Vernunft beschränkt, muß auch die Freiheit eingeschränkt werden, nach einer exakten gegenseitigen Bemessung, die die Gefährdung der Gesellschaft durch den Irren wie dessen Chancen, in einer wohlbemessenen Freiheit die Vernunft wieder zu erlangen, abzuwägen vermag. Der Wahnsinn ist nach Foucaults Lesart nicht mehr zum Schweigen verurteilt, sondern wird regelmäßig von der Vernunft befragt und überwacht. Die um die Zeit der Französischen Revolution entworfenen Modelle des Krankenasyls beruhen nicht mehr wie die Internierung auf der Strategie einer Trennung bestimmter Menschen von der Gesellschaft. Das Asyl soll vielmehr eine Schule sein, in der bürgerliche Verhaltensformen eingeübt werden.

Im Jahr 1793 übernimmt der französische Arzt Philippe Pinel die Leitung der Anstalt von Bicêtre. 1796 eröffnet der englische Philanthrop William Tuke in York eine Anstalt für Geisteskranke. Pinel wie Tuke haben das Ziel verfolgt, die Formen physischer Brutalität aus der Behandlung zu eliminieren. Diese Reformpsychiatrie darf allerdings nach Foucault nicht ausschließlich als Befreiung gewertet werden; er sieht deren Aufgabe eher darin, den Kranken mit der gesellschaftlichen Konformität zu versöhnen, in die Arbeit einzugliedern, den herrschenden Moralvorstellungen und der patriarchalischen Familienordnung zu unterwerfen. Auch von einem medizinischen Erkenntnisfortschritt läßt sich Foucault zufolge angesichts der moralisierenden Intentionen der psychiatrischen Praxis kaum sprechen. Noch der Freudschen Psychoanalyse, die die befreiende Entmystifikation der Asyl-Strukturen am konsequentesten vorangetrieben hat, hält er vor, sie überlasse den Geisteskranken vollumfänglich der Allmacht des Arztes.

Die neuen Therapieformen beruhen auf einer theoretischen Voraussetzung, die sich grundlegend von der klassischen Auffassung abhebt, welche den Wahnsinnigen aus dem Reich der Vernunft verbannt. Foucault weist in diesem Kontext auf die „ursprüngliche Verwandtschaft" zweier Formen der „aliénation" hin, des medizinischen Begriffs der Geisteszerrüttung und des philosophischen der Entfremdung.[3] Im Kranken selbst verbirgt sich gemäß der neuen Deutung eine ursprüngliche Vernunft, die befreit werden muß, um ihn der allgemeinen Vernunft der Gesellschaft zuzuführen. Unter Berufung auf Pinel hat Hegel die Theorie in seiner *Enzyklopädie der philosophischen Wissenschaften* (408) ausgearbeitet. Er erklärt die Verrücktheit mit dem Widerspruch im Subjekt zwischen der freien Subjektivität und dem unmittelbaren Selbstgefühl. Der freie Geist ist von der Krankheit nicht bedroht, nur das Psychische, worin Leibliches und Geistiges noch ungeschieden sind, worin die ,,selbstsüchtigen Bestimmungen des Herzens" herrschen. ,,Dieses Irdische wird frei, indem die Macht der Besonnenheit und des Allgemeinen, der theoretischen oder moralischen Grundsätze über das Natürliche nachläßt, von welcher dasselbe sonst unterworfen und versteckt gehalten wird; denn an sich vorhanden ist dies Böse in dem Herzen, weil dieses, als unmittelbar, natürlich und selbstisch ist. Es ist der böse Genius des Menschen, der in der Verrücktheit herrschend wird, aber im Gegensatze und im Widerspruche gegen das Bessere und Verständige, das im Menschen zugleich ist, so daß dieser Zustand Zerrüttung und Unglück des Geistes in ihm selbst ist." Da es sich bei der Krankheit nicht um den Verlust der Vernunft, sondern um den Widerspruch in der Vernunft handelt, darf in der Behandlung mit der – wenn auch zeitweilig verschütteten – Vernunft des Kranken gerechnet werden. Hier zeigt sich auf überraschende Weise der Dualismus, der nach Foucault für die Psychiatrie des 19. Jahrhunderts kennzeichnend ist: Die psychische Krankheit ist nur auf der Basis eines durchgängigen Determinismus zu erkennen, zugleich wird dem Patienten die moralische Schuld an seinem Schicksal zugeschrieben.

Im psychologischen Zugriff auf den Menschen, der zugleich eine moralische Besetzung ist, kann sich der Gegenspieler der Vernunft nicht manifestieren. Erinnern wir daran, daß dessen Stimme bereits mitten in der Aufklärung zu vernehmen ist. Diderots philosophischer Dialog *Le Neveu de Rameau* gibt zu verstehen, daß die tugendhafte Vernunft des Philosophen in der Konfrontation mit der vernunftlosen Unmittelbarkeit der determinierenden Faktoren des Alltags kaum den Sieg davon tragen wird. Sind denn, so gibt Rameaus Neffe zu bedenken, die

Tugend und die Philosophie für alle Menschen da, oder nicht bloß für wenige Privilegierte?

Foucaults *Geschichte des Wahnsinns* ist von verschiedener Seite her Kritik erwachsen. Das Buch ist von vielen als undifferenzierte Absage an die Psychiatrie überhaupt bzw. als Dokument der Antipsychiatrie verstanden worden. In jüngerer Zeit ist Foucault hauptsächlich ein allzu selektiver Umgang mit historischen Daten vorgeworfen worden, der es ihm erst erlaube, seine Periodisierung vorzunehmen. Die überzeugendste Kritik, die an Foucaults Adresse gerichtet worden ist, scheint mir nach wie vor in Klaus Dörners 1969 erschienenem Werk *Bürger und Irre* formuliert worden zu sein. Wie Foucault sucht auch Dörner die Zusammenhänge zwischen der sich entwickelnden bürgerlich-kapitalistischen Gesellschaft und der Behandlung der Geisteskranken aufzuzeigen. Er wirft aber seinem Vorgänger eine beschränkende Wirklichkeitsstrukturierung vor: Eine Psychiatriegeschichte dürfe nicht auf die einzige Struktur des möglichen Dialogs zwischen Wahn und Normalität transponiert werden. Überdies sei es unzulässig, die von der Aufklärung unternommenen Anstrengungen allesamt als ideologisch zu verwerfen, denn ohne den Anspruch der Aufklärung könne noch heute keine verändernde, emanzipatorische Praxis auskommen.

2. Geburt und Tod des Menschen in der Ordnung des Wissens

Die *Archäologie der Humanwissenschaften* findet ihre Fortsetzung im 1963 in erster, 1972 in zweiter Auflage veröffentlichten Werk *Naissance de la clinique. Une archéologie du regard médical.* Thema ist die Entstehung der modernen Medizin im Übergang von der Aufklärung zum 19. Jahrhundert. Die Arbeitshypothese lautet: Die „Geburt" der Klinik läßt sich nicht rekonstruieren, wenn man sie als Produkt einer Überwindung der Spekulation zugunsten der Wahrnehmung oder einer Verdrängung der Einbildungskraft durch die Vernunft – kurz: als reinen

Erkenntnisgewinn versteht. Aufschluß über die Wandlung ist von einer „Archäologie des ärztlichen Blickes“ zu erwarten, d.h. von einer vergleichenden Darstellung der verschiedenen Möglichkeiten, das Objekt des medizinischen Interesses in den Blick zu bekommen. Die klassische Weise der Wahrnehmung, die erst in der Transparenz rationalen Verstehens zum Ziel gelangt, wird abgelöst durch einen beharrlichen Blick, der ins Dunkle und Undurchsichtige des Körpers vorstößt und derart eine Wissenschaft vom Individuum möglich erscheinen läßt. Zu Unrecht hat man nach Foucault in diese Erkenntnissituation die Ideologien eines ärztlichen Humanismus und einer liberalen Medizin hineinprojiziert, den Mythos einer spontanen Begegnung zwischen Arzt und Patient.

Wie bereits die Geschichte der Psychiatrie enthält auch diese medizin-historische Abhandlung reiches Material sowohl wissenschafts- wie sozialgeschichtlicher Art. Daß eine Krankheit erkennbar ist, sobald sie im menschlichen Körper lokalisierbar wird, gilt der anatomisch-klinischen Medizin als Selbstverständlichkeit, tatsächlich handelt es sich aber lediglich um eine historische und vorübergehende Gegebenheit – mit dieser Behauptung wird die Untersuchung eröffnet. Die Ärzte des 18. Jahrhunderts sind gemäß Foucaults Ausführungen auf andere Erkenntniswege angewiesen, nämlich auf die Regeln der Klassifikation, auf das Tableau, in welchem die intelligible Anordnung der Krankheit zu entziffern ist. Das Auftauchen der Krankheit im menschlichen Leib bedeutet dieser Auffassung zufolge stets eine Verfälschung des reinen Typus durch das individuelle Temperament.

Die Französische Revolution und jene politischen und ökonomischen Prozesse, deren Resultat sie ist, haben Auswirkungen auch auf das Gesundheitswesen und die Heilkunst gehabt. Zu Beginn des letzten Jahrhunderts setzt sich eine neue Erkenntnisweise durch: Das Prinzip der pathologischen Medizin, die gewissenhafte Beobachtung der Gewebe, wie sie der französische Anatom Xavier Bichat um 1800 empfiehlt. Da nur die Obduktion des Leibes den ungehinderten „Flächenblick“ gewährleistet, wird der Tod zum Orientierungspunkt des ärztlichen Auges – er bringt ans Licht, was der lebendige Leib verborgen hat. Der Tod wird nach Foucaults Worten zum großen Analytiker. Er gewährt nicht bloß die ideale Perspektive für die anatomische Forschung, er ermöglicht es überdies, die genauen Beziehungen zwischen dem Leben und der Krankheit zu finden, die Notwendigkeit der letzteren aus der unumgänglichen Degeneration alles Lebendigen herzuleiten.

Die unübersehbare Präsenz des Todes im Wissen vom Lebendigen und Individuellen, seine Integration ins technische und begriffliche Instrumentarium der Medizin, wirft ein unheimliches Licht auf jene Wissenschaft des Heilens, auf jenes neue medizinische Paradigma, das sich zu Beginn des letzten Jahrhunderts durchgesetzt hat. In der Medizin, die die Erfahrung der Individualität an die Erfahrung des Todes gebunden hat, erkennt Foucault die unmittelbarste Manifestation jener anthropologischen Struktur, die seiner Ansicht nach die Gesamtheit der Wissenschaften vom Menschen trägt. Das entscheidende Merkmal dieser Denk-Struktur sieht er darin, daß sie ein positives Wissen vom Menschen nur gewinnen kann, weil sie ihn durch sein Schicksal als endliches, sterbliches Wesen definiert. Doch damit sind wir schon mitten in den Überlegungen seines wohl umstrittensten Buches *Les mots et les choses*, das 1966 erschienen ist.

Es fällt nicht einfach zu bestimmen, worum es bei diesem äußerst ehrgeizigen Projekt geht. Halten wir vorläufig fest: Gegenstand der Untersuchung sind die Ordnungsstrukturen, die der empirischen Erkenntnis, den Wissenschaften vom Leben, von der Sprache und von der Arbeit zugrundeliegen und die Foucault „Episteme“ nennt. Die provokatorische Pointe, auf die das Werk hinausläuft, wird gleich im Vorwort vorgestellt: Die Ordnung, die das moderne Denken determiniert, ist von der klassischen Episteme grundverschieden. Ihr „Verdienst“ ist es, die bislang fremde Gestalt des Menschen ins Wissen eingeführt zu haben. Doch dieses Verdienst kommt keinem Erkenntnisfortschritt gleich. „Wir haben vergeblich den Eindruck einer fast ununterbrochenen Bewegung der europäischen *Ratio* seit der Renaissance bis zu unseren Tagen ... Auf der archäologischen Ebene sieht man, daß das System der Positivitäten sich an der Wende vom achtzehnten zum neunzehnten Jahrhundert auf massive Weise gewandelt hat. Das heißt nicht, daß die Vernunft Fortschritte gemacht hat, sondern daß die Seinsweise der Dinge und der Ordnung grundlegend verändert worden ist, die die Dinge dem Wissen anbietet, indem sie sie aufteilt." (1966a/25)

Foucault demonstriert seine Idee anhand der Betrachtung der „Meninas" von Velasquez. Der Maler hat auf diesem Gemälde sich selbst festgehalten, während sein Motiv – das Königspaar – fehlt und nur im Spiegel erkennbar ist. Alle Figuren richten ihre Blicke auf jenen Platz, auf dem nicht nur der König, sondern auch der Maler und die Betrachter stehen. Weil im Bild das Repräsentierte, auf das doch alles hinweist, fehlt, stellt es, besser als jede Theorie, die klassische Repräsentation vor, die auf die „fremde Gestalt" des Menschen verzichten kann. „Vor dem Ende des achtzehnten Jahrhunderts existierte der *Mensch* nicht (...) Es ist eine völlig junge Kreatur, die die Demiurgie des Wissens eigenhändig vor noch nicht einmal zweihundert Jahren geschaffen hat. Er ist aber so schnell gealtert, daß man sich leicht vorgestellt hat, daß er während Tausenden von Jahren im Schatten den Moment seiner Beleuchtung erwartet hat, in dem er schließlich bekannt wurde." (1966a/373)

Foucault sucht zunächst die vorklassische Episteme zu rekonstruieren. Die Erkennbarkeit der Renaissance-Welt sieht er durch das Prinzip der Ähnlichkeit garantiert. Ein unendliches Netz von Nachbarschaften, Verwandtschaftsbeziehungen und Analogien, die zwischen den Dingen und den Zeichen so gut wie zwischen den Dingen untereinander und den Zeichen untereinander bestehen, läßt den Gelehrten die Welt bis in ihre geringsten Details und bis in ihre größten Zusammenhänge vertraut erscheinen.

Die Abenteuer von Don Quichotte, der scheitern muß, weil ihm die Ähnlichkeit zwischen den Dingen fortwährend Fallen stellt, markieren für Foucault die Tiefe eines epistemologischen Umbruchs. Da die Ähnlichkeit jederzeit zur Quelle der Konfusion werden kann, wie Descartes gleich zu Beginn seiner *Regeln zur Leitung des Geistes* festhält, wenn er den ungerechtfertigten

Vergleich zwischen den Wissenschaften und den Künsten bemängelt, erscheint sie dem klassischen Denken als untaugliches Erkenntnisinstrument. Fortan ist der Vergleich nur noch erlaubt, wenn er zur Konstatierung von Identitäten und Differenzen führt. Die Unendlichkeit der Interpretation weicht der Endlichkeit einer lückenlosen Aufzählung, dadurch erst kann der Vergleich zur vollkommenen Gewißheit führen. Geschichte und Wissenschaft treten auseinander; Descartes läßt in der dritten *Regel* die Kenntnis aller Argumente von Platon und Aristoteles nicht mehr als Wissenschaft gelten. Die Eintracht von Sprache und Welt geht verloren. Die Wahrheit ist von jetzt an das Ergebnis der evidenten und deutlichen Wahrnehmung, die Sprache nur noch ein transparentes und neutrales Hilfsmittel. Weder die mechanistische Naturauffassung noch die Mathematisierung der Empirie sind für Foucault die entscheidenden Merkmale der klassischen Episteme, sondern der Bezug des Denkens zur mathesis, zur allgemeinen Wissenschaft des Maßes und der Ordnung.

Wesentlich für das Verständnis des neuen epistemologischen Feldes ist die Zeichentheorie der Logik von Port-Royal. Das Zeichen ruft mittels der Vorstellung des repräsentierenden Elementes jene des repräsentierten hervor, sein einziger Inhalt ist dieses Repräsentierte, das seinerseits vollkommen durch das Zeichen erfaßt wird. Angesichts der Transparenz der Wörter und der Dinge im klassischen Rationalismus erübrigt sich die hermeneutische Anstrengung. Als Elemente der taxinomia – einer mathesis der komplexen Größen – ermöglichen die Zeichen die getreue Wiedergabe der Ordnung der Dinge.

Auf dem Boden dieser erkenntnistheoretischen Ordnung haben sich im klassischen Zeitalter eine Allgemeine Grammatik, eine Naturgeschichte und eine Analyse der Reichtümer gebildet. Die Sprache der Klassik besitzt zwar keinen Wert außerhalb der Repräsentation, so erkennt Foucault, trotzdem ist sie nicht gleichzusetzen mit dem Zeichen und der Repräsentation. An die Stelle der simultanen Betrachtung setzt sie eine Ordnung der zeitlichen Abfolge. Die Untersuchung der Sprache in ihrer Beziehung zur Gleichzeitigkeit, die sie vorstellen soll, ist das

Thema der allgemeinen Grammatik; deren wertvollstes Studienobjekt ist die Funktionsweise des Verbs ,,sein", kraft dessen das Sein in der Sprache festgehalten wird. Die Sprache ist aufs engste mit der Wissenschaft verbunden; indem sie den Gegenständen der Realität Namen zuteilt, erhebt sie diese zu Objekten der Erkenntnis. Diderot hat übrigens in der *Enzyklopädie* (Artikel ,,Enzyklopädie") auf diese Abhängigkeit der Wissenschaft von der Möglichkeit sprachlicher Repräsentation hingewiesen. Der Wortschatz eines Volkes sei ein ziemlich getreues Verzeichnis aller Kenntnisse, über die es verfüge.

Der Naturgeschichte ist die Aufgabe gestellt, die zwischen den Wörtern und den Dingen bestehende Distanz zu verringern, indem sie das Gebiet des Sichtbaren namentlich erfaßt und mit Hilfe von Klassifikationsmethoden aufteilt. Erstrebt wird die Aufstellung von Tableaus, auf welchen alle Lebewesen in einer gemeinsamen Ordnung registriert werden können. Daraus erklärt sich, weshalb in der Klassik keine Biologie, keine Lehre von den Lebensprozessen denkbar gewesen ist, sondern lediglich eine Wissenschaft, die das Leben als bestimmendes Merkmal bestimmten Wesen zuordnet. Auch eine Wissenschaft von der Produktion, eine politische Ökonomie, ist der klassischen Epoche fremd gewesen. Die Analyse der Reichtümer gehorcht der Logik der Repräsentation. Gemäß der merkantilistischen Auffassung symbolisiert das Geld nicht mehr den Reichtum, das Wertvolle schlechthin; seine Fähigkeit, Waren zu messen und Preise zu bestimmen, beruht einzig auf seiner allgemeinen Substituierbarkeit, auf seiner Tauschfunktion. So wie jede Vorstellung verbalisierbar und jedes Lebewesen klassifizierbar ist, läßt sich jeder Reichtum in Geld darstellen; das Geld wird zum Zeichen.

Für das ausgehende 18. Jahrhundert diagnostiziert Foucault ein Schwanken des epistemologischen Bodens, auf dem die empirischen Wissenschaften stehen. Nicht mehr die Taxonomie, in welcher die chronologischen Entwicklungen in all ihren Möglichkeiten bereits berücksichtigt sind, sondern die Geschichte als ,,fundamentale Seinsweise der Empirizitäten" sei künftig der allgemeine Orientierungsrahmen des Wissens. In den Analysen von Adam Smith avanciert die Arbeit zum zentralen Problem des wirtschaftlichen Prozesses. Unverändert bilden zwar die Bedürfnisse und der Tausch der Produkte den Motor dieses Prozesses, was aber letztlich zirkuliert, sind Arbeitseinheiten, d.h. transformierte Zeit, mühseliges Tageswerk. Dem Prinzip der Arbeit entspricht in der Naturgeschichte dasjenige der Organisation von Funktionen. Da die organischen Strukturen zum überwiegenden Teil im Inneren der Körper verborgen sind, kann sich der Klassifikator nicht mehr mit der Benennung sichtbarer Merkmale zufriedengeben. Im Bereich der Sprachwissenschaften schließlich führt das Problem der Flexionen das Repräsentationsdenken in eine Aporie. Die Konjugation gehorcht eigenen Regeln, die sich nicht auf die Repräsentation grammatischer Personen durch Buchstaben beziehen; die Grammatik schiebt sich so als eigenständiger Wissensbereich zwischen die Vorstellungen und ihre phonetische Repräsentation.

Philosophisch markiert Kants Kritik, die Trennung des Empirischen und des Transzendentalen, die Schwelle zur Modernität. In den neuen Wissenschaften konstatiert Foucault eine eigentümliche Umkehrung des Kantschen Projekts: Die Arbeit, das Leben und die Sprache werden zu „Transzendentalien", zu Bedingungen der Möglichkeit von Erkenntnis. Da diese Transzendentalien auf seiten des Objekts liegen, bewirken sie das Entstehen präkritischer Metaphysiken. Da aber gerade ein transzendentaler Objektivismus über die subjektiven Bedingungen der Erkenntnis apriori nicht Auskunft geben kann, mündet er gleichzeitig in positivistische Selbstbescheidung. Mit anderen Worten: Für den durchdringenden Blick des Archäologen sind die Kantische Philosophie, die metaphysischen Versuche des 19. Jahrhunderts sowie die positivistische Wissenschaftstheorie korrespondierende Elemente, die ihre Entstehung dem gleichen epistemologischen Feld verdanken.

Foucault wendet sich in der Folge der politischen Ökonomie, der Biologie und der Philologie zu. Ricardo erblickt in der Arbeit als produktiver Tätigkeit die Quelle jedes ökonomischen Wertes. Nicht mehr die Zirkulation und damit die gegenseitige

Repräsentation der Waren steht am Anfang der Überlegung, sondern die Produktion, die Schöpfung von Wert durch Arbeit. Die Produktion kann nur zum Objekt der Wissenschaft werden, wenn sie innerhalb geschichtlicher Prozesse, vor dem Hintergrund der Geschichte der Arbeit, der Mittel, über die sie verfügt, der Verhältnisse, innerhalb derer sie geleistet wird, begriffen wird. Als historisches Ereignis ist die Arbeit ihrerseits eine Folge des Mangels. Die Ökonomie erhält mithin einen Bezug zur Anthropologie und zur Sterblichkeit des Menschen, und die Endlichkeit des Menschen setzt der ökonomischen Geschichte Grenzen. In diesem Kontext bringt Foucault eine seiner provokantesten Behauptungen vor: Der Gegensatz zwischen Ricardo, der den Abschluß der Geschichte, eine demographische Stabilisierung und eine Angleichung von Arbeit und Bedürfnissen prophezeit, und Marx, der mit einem revolutionären Umschwung rechnet, sei von zweitrangiger Bedeutung. Der Marxismus habe keinen epistemologischen Einschnitt bewirkt, sondern ruhe im Denken des 19. Jahrhunderts „wie ein Fisch im Wasser“ (1966a/320), er sei also restlos determiniert durch die anthropologisch-historische Episteme.

Das Werk des Biologen Cuvier zeigt gemäß Foucault ebenfalls den Einbruch der Historizität in die Natur. Erst jetzt werden die Lebewesen in den Fluß des Lebens integriert; das Interesse der Gelehrten wendet sich den zeitlichen Abfolgen zu, dem unaufhaltsamen, alle Identitäten auflösenden Werden. Entsprechendes wird schließlich für die Sprachwissenschaft festgestellt. Die Sprache avanciert zum autonomem Regelsystem, daß sich nicht auf reine Bedeutungsfunktionen reduzieren läßt und nur in seiner eigenen Geschichte zu begreifen ist. Im gleichen Zug löst sich die symbolische Logik von der Philologie, die ihrerseits zu stark mit den historischen Besonderheiten der einzelnen Sprachen beschäftigt ist, als daß sie sich der Erforschung universaler Denkregeln widmen könnte. Statt dessen erhält sie einen kritischen Auftrag, da sie die unbewußten Mythen denunziert, die in der Sprache wirken. Diese These wird demonstriert an den Beispielen von Marx, Nietzsche und Freud, die in ihrem jeweiligen Bereich – in der Ökonomie, in der Philosophie oder in der Alltags- und Traumsprache – herauszufinden trachten, was der Diskurs zunächst verbirgt.

Nach dieser eingehenden Erörterung der klassischen Episteme und ihrer Auflösung an der Wende des 18. zum 19. Jahrhundert bringt Foucault sein eigentliches Anliegen vor. Daß sich die klassischen Wissenschaften unter anderem auch mit dem Menschen befaßt haben, wird nicht in Abrede gestellt. Doch als „schwieriges Objekt und souveränes Subjekt jeder möglichen Erkenntnis" finde der Mensch in jenem Wissen keinen Platz. „Die modernen Themen eines gemäß den Gesetzen einer Ökonomie, Philologie und Biologie lebenden, sprechenden und arbeitenden Individuums, das aber in einer Art innerer Verdrehung und Überlappung durch das Spiel jener Gesetze selbst das Recht erhalten hätte, sie zu erkennen und völlig an den Tag zu bringen, alle jene Themen, die uns vertraut und mit der Existenz der ‚Humanwissenschaften' verbunden sind, werden durch das klassische Denken ausgeschlossen. Es war zu jener Zeit nicht möglich, daß sich an der Grenze der Welt jene eigenartige Gestalt eines Wesens erhebt, dessen Natur (die es determiniert, es festhält und seit der Tiefe der Zeiten durchdringt) es wäre, die Natur und infolgedessen sich selbst als natürliches Wesen zu erkennen." (1966 a/375) Das Subjekt des cartesischen cogito wäre demnach die Ordnung, die sich selbst erkennt, keineswegs der endliche Mensch, der seine endliche Realität zu ergründen sucht.

Zu Beginn des 19. Jahrhunderts hingegen taucht der Mensch in der Ordnung des Wissens auf und nimmt die bisher vakante Position des betrachteten Betrachters ein, etabliert sich als privilegiertes Objekt der Wissenschaft und als Subjekt jeder Erkenntnis. Auskunft über sich kann er jedoch nur erhalten in seiner Qualität als Lebewesen, als Produktionsinstrument und als Sprachvehikel; Leben, Sprache und Arbeit determinieren ihn und weisen ihm die Endlichkeit als sein Schicksal zu. Diese Entdeckung der Endlichkeit ist nicht einmal gesichert: Die Evolution der Art ist nicht abgeschlossen, die Möglichkeit völlig transparenter Symbolsysteme durchaus denkbar und das prekäre Verhältnis von Bedürfnis und Arbeit nicht des Menschen ewiges Los. Dennoch kann sich der Mensch nur in den Grenzen seiner eigenen Endlichkeit erfahren: Das Leben ist ihm in seinem Körper gegeben, die Seinsweise der Produktion in seinem Verlangen, die Sprache in der Kette seines artikulierenden Denkens. Die moderne Episteme basiert mithin auf einer Analytik der Endlichkeit. „Wenn das Wissen des Menschen endlich ist, dann weil es ohne mögliche Befreiung in den positiven Inhalten der Sprache, der Arbeit und des Lebens gefangen ist. Umgekehrt, wenn das Leben, die Arbeit und die Sprache sich in ihrer Positivität ergeben, dann weil die Erkenntnis endliche Formen hat." (1966 a/382)

In dieser Analytik der Endlichkeit ist der Mensch eine „seltsame, empirisch-transzendentale Dublette", d. h. die Bedingungen der Erkenntnis verweisen auf ein Wesen, das selbst empirischer Inhalt der Erkenntnis ist. Ob man den Zugang zu diesem Wesen mittels präziser naturwissenschaftlicher Methoden zu finden hofft oder es im sozialen Kontext und im historischen Prozeß entdecken möchte, spielt laut Foucault keine Rolle – der Positivismus wie der Marxismus fallen seinem Verdikt gemäß hinter Kant zurück. Doch auch die Phänomenologie, die die Einheit des Empirischen und des Transzendentalen im Menschen zu retten trachtet, stelle keine Alternative dar, da sie ebenfalls durch die „Evidenz" des Menschen verblendet sei. Erst Nietzsche wird das Verdienst einer Erschütterung der anthropologischen Episteme zugeschrieben. Die Verheißung des Übermenschen erinnere daran, „daß unser modernes Denken vom Menschen, unsere Sorge um ihn, unser Humanismus heiter auf seiner grollenden Nichtexistenz schliefen. Wir glauben uns an eine Endlichkeit gebunden, die nur uns gehört und die uns durch das Erkennen die Welt öffnet, aber müssen wir uns nicht daran erinnern, daß wir auf dem Rücken eines Tigers sitzen?", so fragt Foucault, damit Nietzsche paraphrasierend (1966 a/389).

Eine weitere Konsequenz aus der epistemologischen Situation ist das kompliziert gewordene Verhältnis von Denken und Sein. Das cogito vermag nicht mehr kraft eines souveränen Akts, wie noch Descartes befunden hat, die Evidenz des Seins zu bestätigen, da der denkende Mensch seine Realität von Mächten determiniert vorfindet, die er nicht beherrscht. Das Selbstbewußtsein hat seine Allmacht verloren und sieht sich in eine stete Konfrontation mit dem Ungedachten, mit dem Anderen verwickelt, mit dem Unbewußten und der Entfremdung. Die letzte Konsequenz ist der Verlust des Ursprungs, denn der Mensch existiert unter Voraussetzungen, die sich im Dunkel einer mit seiner Biographie nicht identischen Geschichte verlieren: Gemeint sind biologische Prozesse, institutionalisierte Formen des Wirtschaftens, etablierte Sprachen.

Was das moderne Denken mithin charakterisiert, ist die Vermengung der von Kant getrennten Bereiche des Empirischen und des Transzendentalen, das Versinken in einen – nicht mehr dogmatischen, sondern anthropologischen – Schlaf. Aus diesem Schlaf möchte Foucault das Denken wecken. „In unserer heutigen Zeit kann man nur noch in der Leere des verschwundenen Menschen denken. Diese Leere stellt kein Manko her, sie schreibt keine auszufüllende Lücke vor. Sie ist nichts mehr und nichts weniger als die Entfaltung eines Raums, in dem es schließlich möglich ist, zu denken." (1966a/412)

Erst im letzten Kapitel wendet sich Foucault dem Status der Humanwissenschaften zu. Da diesen, wie er gezeigt hat, kein bereits vorgezeichnetes Problemfeld zur Verfügung steht, müssen sie sich in Anlehnung an die existierenden Wissenstypen definieren. Die mathematisch-physikalischen Wissenschaften spielen Foucault zufolge, trotz der seit Condorcet unternommenen Versuche einer Anwendung auf die Sozial- bzw. Humanwissenschaften, für deren Konstitution eine geringe Rolle. Wichtiger sind diesbezüglich die philosophische Reflexion und vor allem die empirischen Wissenschaften. Dieser Punkt ist hier besonders hervorzuheben: Das Grundthema von Foucaults Untersuchung sind nicht die empirischen, sondern die Humanwissenschaften – deren Rationalität wird in Frage gestellt. Die Humanwissenschaften, d.h. jene Disziplinen, die es nicht mit den lebenden, arbeitenden und sprechenden Menschen zu tun haben, sondern mit Menschen, die sich durch diese Aktivitäten erkennen, haben sich nur herausbilden können dank der Übernahme von Modellen, die sich in anderen Wissenschaften bewährt haben.

Die Psychologie orientiert sich am Modell der Biologie: Der Mensch erscheint als Wesen mit Funktionen, wird stimuliert, reagiert darauf mit Anpassung, muß also Normen der Anpassung finden. Die Soziologie orientiert sich am ökonomischen Modell. Der Mensch, ausgestattet mit Bedürfnissen und Wünschen, gerät in der Gesellschaft in Konflikte. Diese versucht er zu meistern, indem er sich Regeln unterwirft. Die Literaturwissenschaft nimmt bei der Sprachuntersuchung Anleihen auf. Menschliches Verhalten ist voller Bedeutung, die Spuren dieses Verhaltens konstituieren ein System von Zeichen. Funktion und Norm, Konflikt und Regel, Bedeutung und System organisieren das gesamte Gebiet menschlicher Erkenntnis, wobei die einzelnen Begriffspaare nicht auf eine Disziplin fixiert sind.

In einer weiteren Parallelisierung ordnet Foucault die drei Modelle bestimmten philosophischen Reflexionsformen zu: das biologische Modell Comte, das ökonomische Marx, das philologisch-linguistische Freud. Überdies konstatiert er eine allmähliche Verlagerung vom ersten zum zweiten Term – zu Norm, Regel und System – zu Strukturen also, die unbewußt bleiben. Daraus erklärt sich die privilegierte Stellung, die das Werk Freuds für das Verständnis der Geschichte der Humanwissenschaften einnimmt. „Man wird also sagen, daß es ‚Humanwissenschaft' nicht überall dort gibt, wo es um die Frage des Menschen sich handelt, sondern überall dort, wo in der dem Unbewußten eigenen Dimension Normen, Regeln und Bedeutungsmengen definiert werden, die dem Bewußtsein die Bedingungen seiner Form und Inhalte enthüllen." (1966 a/437)

In gewisser Hinsicht ist demnach die Psychoanalyse die reinste der Humanwissenschaften, wenn sie die Sprache des Bewußtseins nach Stimmen des Unbewußten abhorcht. Doch zugleich weist sie über jene hinaus und wendet den Blick den Formen der Endlichkeit zu, die „die Bedingungen der Möglichkeit alles Wissens über den Menschen bezeichnen" (1966 a/449): dem Tod, der Lust und der Sprache, die gleichzeitig Gesetz ist. Entsprechendes gilt von der Ethnologie, die von der

Geschichtlichkeit her die Humanwissenschaften in Frage stellt und zeigt, wie sich in einer Kultur die Normalisierung der biologischen Funktionen, die Regeln der Produktion und des Tausches sowie die symbolischen Systeme organisieren. Daß die Ethnologie und die Psychoanalyse den Gesamtbereich der Humanwissenschaften durchdringen, heißt aber nach Foucault keineswegs, daß sie eine Anthropologie begründen. Beide sind Wissenschaften des Unbewußten, ,,nicht weil sie im Menschen das erreichen, was unterhalb seines Bewußtseins liegt, sondern weil sie sich dem zuwenden, was außerhalb des Menschen erlaubt, daß man... das weiß, was seinem Bewußtsein gegeben wird oder ihm entgeht." (1966a/453) Sie sind nicht auf den Begriff des Menschen angewiesen, da sie sich lediglich für seine äußeren Grenzen, für die ihn determinierenden unbewußten Strukturen interessieren – sie lösen den Menschen auf. Beide orientieren sich am formalen Modell einer reinen Sprachtheorie.

Diese letzte Aussage dürfte deutlich gemacht haben, daß Foucault die Psychoanalyse und die Ethnologie auf ihre strukturalistischen Versionen einschränkt. Zusammen mit ihnen hebt er die Linguistik in den Rang einer die Humanwissenschaften bedrohenden ,,Gegenwissenschaft". Mit der wiedergefundenen Autonomie der Sprache kündigt sich der Tod des Menschen an. ,,Der Mensch ist eine Erfindung, deren junges Datum die Archäologie unseres Denkens ganz offen zeigt. Vielleicht auch das baldige Ende. Wenn diese Dispositionen [des Wissens, UM] verschwänden, so wie sie erschienen sind, wenn durch irgend ein Ereignis... diese Dispositionen ins Wanken gerieten, wie an der Grenze des achtzehnten Jahrhunderts die Grundlage des klassischen Denkens es tat, dann kann man sehr wohl wetten, daß der Mensch verschwindet wie am Meeresufer ein Gesicht im Sand." (1966a/462)

Les mots et les choses ist trotz aller Faszination, die es bis heute auslöst, ein äußerst umstrittenes Buch. Bei der Kritik ist es auf wenig Verständnis gestoßen, was allerdings zu einem guten Teil auch auf eine voreilige Lektüre zurückzuführen ist. Keineswegs verkündet Foucault darin eine Abkehr von der Vernunft; was zur Debatte steht, ist ja gerade die fehlende wissenschaftliche Legitimation bestimmter Disziplinen. In einem andern Punkt hingegen ist der Kritik zuzustimmen: Die gewaltsame Periodisierung, die Foucault vornimmt, vermag nicht zu überzeugen. In seinem Projekt überlagern sich zwei Intentionen. Einerseits will er zeigen, daß sich die Bedingungen der Möglichkeit empirischen Wissens dreimal grundlegend verändert haben – im Übergang vom 16. zum 17. Jahrhundert, im Zeitalter der Französischen Revolution sowie seit der Mitte unseres Jahrhunderts. Andererseits soll bewiesen werden, daß die sogenannten Humanwissenschaften den Anspruch auf Wissenschaftlichkeit zu Unrecht erheben.

Was die erste Intention betrifft: weniger die These von der Ablösung der klassischen Transparenz durch die romantische oder moderne Tiefe und der Rückkehr der Autonomie der Sprache im zeitgenössischen Strukturalismus hat die Kritik gestört, sondern die Zuordnung dieser Erkenntnisweisen zu epochenumspannenden, unbeweglichen epistemologischen Dispositionen. Bezüglich der zweiten Intention läßt sich sagen: In gewisser Hinsicht nimmt Foucault die Tradition der Ideologiekritik auf. Bereits Marx und Nietzsche haben in ihrer Auseinandersetzung mit liberalen und positivistischen Lehren auf die fehlende Wissenschaftlichkeit der „Sozialwissenschaften" hingewiesen. Allerdings will Foucault gerade keine Ideologiekritik betreiben, sondern eine Archäologie, die nur die epistemologische Ebene, nicht jene der politischen Institutionen oder der wirtschaftlichen bzw. psychischen Interessen berücksichtigt. Wie seine weitere Entwicklung in den 70er Jahren belegt, hat er jedoch aus der Schwierigkeit eines solchen Projekts bald die Konsequenzen gezogen und den Forschungsbereich einer kritischen Geschichte der Humanwissenschaften erweitert.

3. Der Versuch eines methodologischen Ausbaus der Archäologie

Nach der Zusammenfassung der von der Archäologie der Humanwissenschaften erbrachten Ergebnisse und der von ihr aufgestellten Hypothesen bleibt die Aufgabe, die Ziele und Methoden dieser Archäologie ihrerseits zu untersuchen. Das Vorwort zur *Geschichte des Wahnsinns* verrät eine gewisse Verlegenheit, weil das Projekt, die historischen Gestalten des Wahnsinns zu beschreiben, von der Einsicht ausgehen muß, daß der Wahnsinn als eine von der ihn definierenden Vernunft freie Erfahrung längst nicht mehr faßbar ist. Immerhin ist auch die Hoffnung nicht zu überhören, es werde gelingen, den Wahnsinn als undifferenzierte Erfahrung am ,,Punkt Null" seiner Geschichte wiederzufinden. Der Historiker zwar vermag die authentische Sprache des Wahnsinns nicht wahrzunehmen, nur die Gesten der Ablehnung, die kulturellen Grenzziehungen und Wertsetzungen bieten sich seinem Blick dar. ,,Die Geschichte des Wahnsinns schreiben, wird also heißen: eine Strukturuntersuchung der historischen Gesamtheit – Vorstellungen, Institutionen, juristische und polizeiliche Maßnahmen, wissenschaftliche Begriffe – zu leisten, die einen Wahnsinn gefangen hält, dessen ungebändigter Zustand in sich selbst nie wiederhergestellt werden kann." (1961 a/13) Aber dem Forschungsvorhaben liegt zugleich die Ahnung eines ,,reinen Ursprungs", einer unbeweglichen Struktur des Tragischen zugrunde, die die Geschichte transzendiert. Eine ,,Archäologie des Schweigens" gräbt gleichsam unter den vorgefundenen wissenschaftlichen und administrativen Texten nach den Fragmenten einer verlorenen Sprache. Auf diesen Anspruch hat Foucault später verzichtet (vgl. 1969 a/71 f).

In *Naissance de la clinique* hat sich die Perspektive verändert; die Archäologie ist in größere Nähe zum Strukturalismus gerückt. Das Spiel des Kommentars, der in der Wiederholung eines Diskurses das darin nicht Ausgesprochene ans Licht zu bringen sich bemüht und also stets einen Überschuß des Signifikats im Verhältnis zum Signifikanten wie umgekehrt eine Überfülle des Signifikanten voraussetzt, wird zurückgewiesen. Aufschlußreich für die Entwicklung von Foucaults Projekt ist der Vergleich zwischen der ersten und der zweiten Auflage dieser Schrift.[4] 1972 interessiert sich Foucault nicht mehr für die ,,strukturale Analyse des Signifikats" und die ,,semantischen

Elemente", sondern für die „Diskursanalyse" und die „Diskurstatsachen". Anstatt von Signifikat und Signifikant ist jetzt einfach die Rede von den Dingen und von der Sprache. Die Archäologie des Wissens bzw. die Diskursanalyse grenzt sich damit von der strukturalistischen Sprachanalyse ab.

Die wohl verbindlichste, wenn auch problematischste Bestimmung der archäologischen Ebene wird in *Les mots et les choses* vorgenommen. Ausgangspunkt ist die Vermutung, die empirischen Wissenschaften besäßen innerhalb einer Kultur und Epoche eine wohldefinierte Regelmäßigkeit. Die Regeln, die zum Aufbau von Theorien – sei es in der Naturgeschichte, der Ökonomie oder der Grammatik – zur Verfügung stehen, gehören einer Basis an, die diesen Wissenschaften gemeinsam ist, den einzelnen Forschern aber unbekannt bleibt. Die archäologische Ebene stellt eine konfuse, schwierig zu analysierende Mittelregion dar zwischen den determinierenden Codes einer Kultur und der Reflexion über die Ordnung. Im Bild der Mittelregion wird deutlich, weshalb diese „nackte Erfahrung der Ordnung und ihrer Seinsweisen", diese Episteme ein rätselhaftes Konzept ist, bleibt sie doch einerseits den Anstrengungen eines rationalen Denkens verborgen, ist aber andererseits doch schon Ausdruck einer ersten Distanzierung einer Zivilisation von den ihre Sprache, ihre Wahrnehmung, ihre Verhaltensweisen und ihre Werte beherrschenden Codes. Es scheint mir bezeichnend zu sein, wenn sich Foucault in einer Diskussion über sein Buch auf seine frühere Forschungsweise besinnt. „Die Kenntnisse, die philosophischen Ideen, die alltäglichen Meinungen, aber auch die Institutionen, die Praktiken des Handelns und der Polizei sowie die Sitten einer Gesellschaft – das alles verweist auf ein bestimmtes implizites Wissen, das dieser Gesellschaft eigentümlich ist. Dieses Wissen ist grundlegend verschieden von den Kenntnissen, die man in den wissenschaftlichen Büchern, den philosophischen Theorien, den religiösen Rechtfertigungen finden kann, aber gerade es macht in einem gegebenen Augenblick das Auftreten einer Theorie, einer Meinung, einer Praxis möglich." (1966b/149)

In *L'archéologie du savoir*[5] legt Foucault in aller Kürze die

Mängel der bisherigen Versuche dar. Die *Histoire de la folie* erwecke den Eindruck, er berufe sich auf ein anonymes Subjekt der Geschichte – gemeint ist der Wahnsinn als ursprüngliche Erfahrung des Menschen. *Naissance de la clinique* orientiere sich zu stark an der strukturalen Analyse, während *Les mots et les choses* glauben lasse, er interessiere sich für kulturelle Totalitäten.

Gleich zu Beginn des Buches ordnet Foucault sein Unternehmen ein in die Bemühungen um eine neue Geschichtsschreibung, wie sie im Bereich der Sozialgeschichte von der „Annales-Gruppe", im Bereich der Wissenschafts- und Philosophiegeschichte von Bachelard, Canguilhem, Guéroult, Althusser und Serres vorgenommen worden sind. Diesen Ansätzen, von denen der erste die nahezu unbeweglichen Strukturen der Geschichte, die „lange Dauer" thematisiert, der zweite hingegen die Diskontinuitäten und Transformationen, ist gemeinsam, daß sie das Dokument als materielle Stütze eines epochenumspannenden und kollektiven Gedächtnisses der Menschheit in Frage stellen. Wenn die Archäologie in der konventionellen Bedeutung des Wortes – die Freilegung stummer Monumente – auf den sinnstiftenden Kommentar der Geschichte angewiesen ist, so will die Foucaultsche Archäologie als Teil der neuen Geschichtsschreibung zur immanenten Beschreibung der Monumente zurückkehren. Die bekannteste Konsequenz dieser Verlagerung ist wohl die Abwendung vom Plan einer globalen Geschichte, die sämtliche Phänomene einer Kultur und Epoche auf ein Zentrum bezieht. Die neue Geschichte geht dezentrierend vor und ist damit ein Ergebnis jener epistemologischen Revolution, die gemeinhin mit den Namen von Marx, Nietzsche, Freud, Saussure und Lévi-Strauss assoziiert wird. Vielfach wird diese Dezentrierung als Bedrohung empfunden, da die kontinuierliche Geschichte „das unerläßliche Korrelat für die Stifterfunktion des Subjekts" (1969 a/23) ist, welches darin seine Heimat finden und seine Herrschaft errichten kann. Aus dieser Angst nährt sich gemäß Foucaults Diagnose der Widerstand der humanistischen Philosophien, die einen ideologischen Begriff der Geschichte hochhalten, „durch den man versucht, dem

Menschen all das wiederzugeben, was seit mehr als einem Jahrhundert ihm stets entgangen ist." (1969 a/26)

Foucault beginnt seine Abhandlung mit einer systematischen Destruktion herkömmlicher Arbeitsinstrumente der Ideen- und Wissenschaftsgeschichte. Als unbrauchbar werden die Begriffe der Tradition, des Einflusses, der Evolution und des Geistes deklariert, da sie die Illusionen der Kontinuität aufrechterhalten. Mißtrauen ist im weiteren angebracht angesichts gebräuchlicher Einteilungen von Wissensbereichen – Wissenschaft, Philosophie, Geschichte, Literatur, Politik – wie auch angesichts scheinbar unmittelbarer Einheiten wie Buch oder Werk. Schließlich ist auf die Annahme zu verzichten, unter jedem Diskurs verberge sich ein geheimer Ursprung und ein bereits Gesagtes. Hat man sich von diesen Begriffen einmal gelöst – wobei durchaus nicht auszuschließen ist, daß einige von ihnen nach kritischer Prüfung wieder eingeführt werden können – findet sich ein neues Gebiet befreit, das durch die Gesamtheit aller gesprochenen und geschriebenen Aussagen, aller „diskursiven Ereignisse" gebildet wird. Diese – ich bin versucht zu sagen: kathartische – Anstrengung eröffnet einen Raum, in welchem unterschiedslos alle Aussagen von Belang sind und in dem die Zuordnung zu überlieferten Bezugssystemen zunächst einmal verboten ist. Vielleicht läßt sich sogar von einer nominalistischen Intention sprechen: Es gilt, jede einzelne Aussage in ihrer historischen Einmaligkeit anzutreffen. Jetzt erst kann der Archäologe seine Ordnungstätigkeit aufnehmen und neue Beziehungen zwischen Aussagen, Gruppen von Aussagen und Ereignissen sozialer Art herstellen.

Die drängendste Frage, die sich nach dieser veritablen Verflüssigung aller wissenschaftsgeschichtlicher Orientierungshilfen erhebt, ist die nach der Berechtigung des Wissenschaftsbegriffs selbst. Foucault ist bekanntlich nicht geneigt, bestimmten Disziplinen wie der Psychopathologie, der klinischen Medizin oder der Evolutionstheorie unbesehen den Status der Wissenschaftlichkeit zuzugestehen. Um vorläufig den Begriff der Wissenschaft zu vermeiden, spricht er von „diskursiven Formationen"; dabei handelt es sich um eine Menge von Aussagen, die durch bestimmte Regelmäßigkeiten vereinigt und geordnet sind.

Wie zu einer Wissenschaft läßt sich der Zugang zu einer diskursiven Formation dank der Kenntnis der Objekte finden, die sie erkennen und beschreiben will, der Äußerungsmodalität, die ihr zur Verfügung steht, des Begriffssystems, dessen sie sich bedient, sowie der Themenwahl, die sie vornimmt. Für Foucault wird das Auftreten eines Objekts durch die Reihe von Regeln determiniert, die einer sozialen oder institutionellen Praxis, einer Technik oder einem Klassifikationstyp immanent sind; deshalb ist die Vorstellung einer Entdeckung unangemessen. Auch die Annahme, die synthetische Aktivität eines transzendentalen oder empirischen Subjekts liege der wissenschaftlichen Arbeit zugrunde, wird zurückgewiesen, da die Möglichkeiten des sprechenden Subjekts durch die ihm zugewiesene Position beschränkt sind. Entsprechendes gilt für die Begriffe, die nach Foucault nicht auf einen Bereich der Ideen, sondern auf die dem Diskurs inhärente Regelmäßigkeit verweisen. Was schließlich die Themenauswahl betrifft, so ist hier unter anderem der Frage nachzugehen, welche Funktion ein Diskurs im Feld politischer und ökonomischer Praktiken besitzt. Die Aufzählung der Formationsregeln gibt Foucault Gelegenheit, nocheinmal Rechenschaft abzulegen über seine bisherigen Arbeiten. Das wichtigste Problem der *Histoire de la folie* ist das Auftreten der Gegenstände einer sich etablierenden Psychiatrie, während in *La naissance de la clinique* der institutionelle Platz der Ärzte eingegrenzt wird. Der Untersuchung von Begriffsrastern ist *Les mots et les choses* gewidmet; die Formation der Strategien hingegen ist in den genannten Werken vernachlässigt worden.

In einem weiteren Schritt wendet sich Foucault den Aussagen zu, die er nicht mit der logischen Proposition, dem grammatikalischen Satz oder dem Sprechakt[6] verwechselt wissen will. All diese Konzepte erscheinen ihm zu selektiv. Sein Ausgangspunkt ist wie erwähnt der chaotische Raum aller effektiven Aussagen. Das Referential einer Aussage ist nicht vergleichbar einem Signifikat; es ist der diskursive Kontext, innerhalb dessen ein

Satz einen Sinn, eine Proposition einen Wahrheitswert erhalten kann. Das Subjekt einer Aussage ist nicht identisch mit dessen Autor, sondern mit dem Platz der Artikulation. Die Aussage ist keine kleinste Einheit, von der ausgehend Sinn vorliegt, sie kann ihre Funktion nur in einem ihr assoziierten Bereich erfüllen. Endlich besitzt eine Aussage eine materielle Existenz, ein soziales Anwendungsgebiet.

Im Bemühen, die Analyse der Diskursformationen mit der Beschreibung der Aussagen zu verbinden, schlägt Foucault folgende Definition vor: ,,Die diskursive Formation ist das allgemeine Aussagesystem, dem eine Gruppe sprachlicher Performanzen gehorcht.“ (1969a/169) Unter Diskurs – diesem bei Foucault allgegenwärtigen und doch kaum eingrenzbaren Konzept – ist jene Menge von Aussagen zu verstehen, die zur gleichen diskursiven Formation gehören, während diskursive Praxis nicht das expressive Tun des formulierenden Individuums, das rationale Folgern oder die Kompetenz des sprechenden Subjekts meint, sondern die Gesamtheit anonymer, historischer, raum-zeitlich determinierter Regeln, die für eine gegebene Situation die Wirkungsbedingungen der Aussagefunktion definieren.

In einer Reihe weiterer Präzisierungen erörtert Foucault die Themen der Seltenheit, der Äußerlichkeit und der Häufung. Im Gegensatz zur Interpretation, die die Aussagearmut durch die Vervielfachung des Sinns kompensiert, faßt die Diskursanalyse den Diskurs als endliches und nützliches Gut, um das gekämpft wird, das also bereits mit seiner Existenz und nicht erst in seinen praktischen Anwendungen die Frage nach der Macht stellt. Mit dem Stichwort der Äußerlichkeit wird die Autarkie der Diskurse gegenüber dem erkennenden Subjekt unterstrichen, während die Betrachtung der Häufung an die Stelle der Suche nach den ursprünglichen Äußerungsabsichten tritt. Vergegenwärtigen wir uns die Bilder, mit denen Foucault arbeitet, so leuchtet ein, weshalb man ihn – und er sich selbst – einen Positivisten genannt hat: Es handelt sich um eine Reduktion der Aussage auf die Ebene der historischen Erscheinung und der inneren Gesetzmäßigkeit, bzw. um die Feststellung einer ,,Positivität" – dies ein weiterer Teminus, den Foucault nach eigenem Bekunden „in etwas blinder Weise" benutzt hat.

Die Kenntnis der Positivität eines Diskurses erlaubt nicht, über dessen wissenschaftliche Strenge etwas auszusagen, sie erlaubt dagegen, historische Ereignisse abzugrenzen, also etwa zu begründen, weshalb der Physiokrat Quesnay und sein Schüler Turgot innerhalb eines gemeinsamen Diskurses gesprochen haben, während Diderots Konzeption der Evolution mit derjenigen Darwins nichts zu tun hat. Im Anschluß an diesen Begriff werden zwei weitere eingeführt, die nicht ganz durchsichtig werden und doch für das Unternehmen der Archäologie fundamental zu sein scheinen. Mit dem ungewohnten Ausdruck des „historischen Apriori" sind nicht zeitlose Gültigkeitsbedingungen für Urteile, sondern historische Realitätsbedingungen für Aussagen gemeint. Unter dem „Archiv" ist das Gesetz dessen, was gesagt werden kann, zu verstehen. Es liegt auf der Hand, daß das Archiv einer vergangenen Kultur und Epoche genausowenig erschöpfend zu beschreiben ist wie das gegenwärtige, innerhalb dessen Regeln wir sprechen. Es scheint sich um ein regulatives Prinzip zu handeln. Wird nämlich ein solches allmächtiges und doch faktisch unauffindbares Gesetz angenommen, wird der Glaube an ein souveränes Erkenntnissubjekt und eine kontinuierliche Akkumulation von Wissen zur Illusion.

Foucault versteht seine Archäologie als Alternative zum unvermeidlichen Eklektizismus der Ideengeschichte, die sich in den unzähligen Randzonen der Wissenschaft bewegt, dort, wo sie sich mit der Philosophie und der Literatur, mit der Religion, der Moral und den Weltanschauungen, mit der Technik, der Ökonomie und der Politik überschneidet. Es stellt sich die Frage, ob sich die Mühe gelohnt hat, einen derart radikalen und schwerfälligen Gegenentwurf zu schaffen. Die Quintessenz von Foucaults Botschaft ist klar: Die wissenschaftliche Tätigkeit oder allgemeiner die Diskursproduktion läßt sich nicht auf die schöpferische Aktivität genialer Menschen zurückführen, weil ihr vom Spiel determinierender Strukturen Grenzen gezogen, Aufgaben gestellt und Wege gewiesen werden. Doch die idealistische Auffassung, die von Foucault attackiert wird, ist in der modernen Wissenschaftstheorie weitgehend überwunden. Der stete Hinweis auf Regelsysteme diverser Herkunft wirkt verwirrend; um zeitlose Sprachstrukturen, um eine den diskursiven Ereignissen gegenüber transzendente Ordnung kann es sich ja nicht handeln, sondern immer nur um Produkte einer wiederum verborgenen Instanz. So kommt es häufig zu zirkulären Definitionsversuchen.

Trotz dieser Einwände lohnt sich die Lektüre, weil Foucault hier seine bisherigen Erfahrungen systematisiert und das kritische Anliegen der Archäologie unterstrichen hat. Es gelingt ihm anhand mancher Beispiele zu zeigen, in welches Netz von institutionellen Regelungen, politischen Kräftespielen, moralischen Verpflichtungen und ökonomischen Interessen die Humanwissenschaften verstrickt sind. Die Frage bleibt, ob es nötig gewesen ist, zu diesem Zweck den Begriff der diskursiven Formation einzuführen.

Daß Foucault auf diesem Begriff beharrt und die Wissenschaft nur als Sonderfall einer diskursiven Formation gelten lassen will, hat wohl mit seinem Mißtrauen gegenüber herkömmlichen Dualismen von Ideologie und Wissenschaft zu tun. Die archäologische Arbeit spielt sich auf einer fundamentalen Ebene von diskursiver Praxis und Wissen ab, auf der den Wissenschaften kein privilegierter Status zuerkannt wird. Das Verhältnis von Wissenschaft und Ideologie ist zu revidieren: Ideologie ist keine Ansammlung von Irrtümern und Vorurteilen jenseits der reinen wissenschaftlichen Lehre: sie tritt dort auf, wo eine Wissenschaft im sozialen Umfeld funktioniert. Noch in einer anderen Hinsicht ist die Wissenschaft nicht das bevorzugte Thema der Archäologie. Jedes Wissen kann sich in verschiedenen Graden der Kohärenz organisieren – Foucault spricht von den Schwellen der Positivität, der Epistemologisierung, der Wissenschaftlichkeit und der Formalisierung. Entsprechend sind drei Typen der Wissenschaftsgeschichte zu unterscheiden. Während die Geschichte der Mathematik auf der Ebene der Formalisierung bleibt, beschäftigt sich ein anderer Typ – repräsentiert durch die Forschungen Bachelards und Canguilhems – mit der Herausbildung einer Wissenschaft aus einem Ensemble vorwissenschaftlicher Theorien, wobei die konstituierte Wissenschaft zur Norm erhoben wird. Die archäologische Geschichte untersucht dagegen das Niveau der Epistemologisierung, die Episteme. Noch einmal wird eine weitläufige und unpräzise Definition geliefert, bei der nur die polemische Absicht verständlich ist. „Die Episteme ist keine Form von Erkenntnis und kein Typ von Rationalität, die, indem sie die verschiedensten Wissenschaften durchdringt, die souveräne Einheit eines Subjekts, eines Geistes oder eines Zeitalters manifestierte; es ist die Gesamtheit der Beziehungen, die man in einer gegebenen Zeit innerhalb der Wissenschaften entdecken kann, wenn man sie auf der Ebene der diskursiven Regelmäßigkeiten analysiert." (1969a/273) Das Unverbindliche dieser Definition ist zweifellos Ausdruck einer gewissen Verlegenheit. Foucault will die Episteme nicht mehr als immobile Struktur verstanden wissen, die ein Zeitalter beherrscht. In dieser neuen Bestimmung ist der Begriff allerdings unbrauchbar geworden – Foucault hat ihn in der Folge auch nicht mehr verwendet.

Die Bedeutung der Archäologie liegt im Spannungsfeld von Wissenschaftsgeschichte und Ideologiekritik. Angèle Kremer-Marietti sieht deren Verdienst darin, daß sie mittels einer Demonstration der Vergangenheit eine Kritik anbringe, die fähig sei, die institutionalisierten Praktiken zu revolutionieren. Hier ist zu denken an den oft behaupteten Zusammenhang zwischen Foucaults *Geschichte des Wahnsinns* und der Anti-Psychiatrie-Bewegung, der mit diesem Buch zweifellos Werkzeuge für ein vertieftes Verständnis der sozialen Funktion der Psychiatrie an die Hand gegeben worden sind. Wenn Foucault das Selbstverständnis der abendländischen Vernunft und die tastenden Versuche der Wissenschaften mit den moralischen und ökonomisch motivierten Ausschlußmechanismen konfrontiert, handelt es sich auch um eine politische Stellungnahme.

Die Stoßrichtung von *Les mots et les choses* ist weniger deutlich. Wie uns Foucault erklärt, hat das Buch seine Entstehung einem Text von Borges zu verdanken. Dieser Text – es handelt sich um die erstaunliche und für unser Empfinden völlig unlogische Tierklassifikation einer chinesischen Enzyklopädie – strapaziert die ordnende Vorstellungskraft des menschlichen Denkens aufs äußerste. Auf dem Spiel steht also die Ordnung, innerhalb welcher Denken und Erkennen allererst möglich ist, oder besser: unser leichtfertiges Vertrauen in solche Ordnungen. Foucault geht es mithin um den Nachweis der „schizophrenen Grunderfahrung vom Unfundierten, vom Unernsten aller Ordnung" (Puder 1972/320). Vielleicht ist bereits in der Verwendung des Episteme-Begriffs eine Provokation enthalten, verweist dieser doch auf den unverwechselbaren und zuverlässigen Weg zur Wahrheit. Doch darf nicht übersehen werden, daß Foucault auf einer fundamentaleren Ebene die Platonische Zweiteilung von Episteme und Doxa zu neuen Ehren kommen läßt, wenn er seine Analyse von einer Doxologie, einer Untersuchung der Meinungen und Interessen, abhebt. Es wäre allerdings kaum sinnvoll, den Foucaultschen Episteme-Begriff mit „Erkenntnis" übersetzen zu wollen, handelt es sich doch um einen Bereich, der dem Bewußtsein der Wissenschaftler entzogen ist und sich allenfalls – und auch dies wohl nur fragmentarisch – dem Blick des Ethnologen eröffnet. Foucault hat sein Unternehmen als Ethnologie der eigenen Kultur und ihrer Rationalität umrissen. Seine Forschung bewegt sich auf einer Ebene, auf der die Grenze zwischen Ideologie und Wissenschaft noch nicht gezogen werden kann; mit einem generellen Ideologieverdacht hat das nichts zu tun. Gegen die Reduktion des Wissens auf ökonomische Interessen bringt Foucault einen viel radikaleren Determinismus ins Spiel. Entsprechendes gilt für *L'archéologie du savoir*. Sobald anonyme, der souveränen Arbeit eines Erkenntnissubjekts nicht zugängliche Regelsysteme zu Bedingungen der Möglichkeit von Wissenschaft avancieren, verwischt sich die vertraute Grenze von gesicherter Erkenntnis und bloßem Vorurteil. Dies gilt wohlverstanden immer nur im Hinblick auf die Humanwissenschaften.

Letztlich unterscheidet sich die Archäologie des Wissens von anderen Methoden der Ideen- und Wissenschaftsgeschichte durch ihren ehrgeizigen philosophischen Anspruch. Es handelt sich darum, die Geschichte des Denkens vom transzendentalen

Narzißmus zu befreien und damit jene Dezentrierungsarbeit voranzutreiben, die wir heute vor allem mit der Freudschen Psychoanalyse assoziieren. „Es mußte gezeigt werden, daß die Geschichte des Denkens nicht jene enthüllende Rolle des transzendentalen Moments besitzen konnte, die die rationale Mechanik seit Kant, die mathematischen Idealitäten seit Husserl und die Bedeutung der wahrgenommenen Welt seit Merleau-Ponty nicht mehr besitzen – trotz der Anstrengungen, die diese hingegen unternommen haben, um sie darin zu entdecken." (1969a/289) Im Dialog mit dem fiktiven Gegner, den Foucault am Schluß seines Buches aufnimmt, läuft schließlich alles darauf hinaus, den narzißtischen Illusionen, die seiner Überzeugung nach in der Wissensgeschichte überlebt haben, unerbittlich entgegenzutreten. Ob es ihm tatsächlich gelungen ist, den Fallen des transzendentalen Narzißmus zu entgehen, wird im nächsten Kapitel zu diskutieren sein.

Beizufügen bleibt, daß er selbst – dies ist einigen verschlüsselten Passagen zu entnehmen (vgl. 1969a/296) – die Archäologie offenbar als Vorstufe zu einer künftigen Wissenschaft betrachtet hat, die nach der endgültigen Disqualifikation der Humanwissenschaften Fragen der Beziehungen zwischen Wissen, Produktion, Gesellschaftsformation und den möglichen Positionen des Subjekts zu beantworten hätte.

III. Eine philosophische Standortbestimmung

1. Das Erbe der französischen epistemologischen Schule

Einem breiteren Publikum ist Foucault in der Mitte der 60er Jahre als besonders streitbarer Verfechter des Strukturalismus bekannt geworden; mittlerweile hat sich herumgesprochen, daß eine solche Zuordnung keineswegs zuverlässig ist. Wenn eine Klassifikation gefordert ist, so scheint sich das Etikett „Positivismus" eher anzubieten. Wir begegnen ihm bereits im wohl ersten Kommentar, der Foucault gewidmet ist (Caillois 1955); er selbst hat sich einmal als „glücklichen Positivisten" bezeichnet (1969a/182). Vincent Descombes stellt ihn uns in seiner Einführung in die französische Gegenwartsphilosophie als Vertreter der französischen positivistischen Schule vor. Hier ist zunächst festzuhalten, daß die Bedeutung des Begriffs „Positivismus" im Französischen von dem differiert, was man im deutschen Sprachraum seit dem sogenannten Positivismusstreit in der Soziologie darunter versteht. Es fehlt beispielsweise die politische Konnotation einer systemstabilisierenden und gleichzeitig auf Wertfreiheit pochenden Lehre, die in der Auseinandersetzung zwischen Kritischen Rationalisten und Kritischen Theoretikern eine tragende Rolle gespielt hat. Wenn Auguste Comte noch heute für manche französischen Philosophen von Interesse ist, dann nicht wegen seines höchst konservativen politischen Programms, sondern aufgrund seines Versuchs, aus dem Stand der Wissenschaften ein Verständnis seines Zeitalters herzuleiten.

Laut Descombes ist es der gemeinsame Grundsatz aller Positivisten, daß die Philosophie eine Epistemologie sei. Epistemologie läßt sich mit Wissenschaftstheorie übersetzen, doch muß hier gleich an den Abstand erinnert werden, der die französische Epistemologie von der neupositivistischen Wissenschaftstheorie trennt. Der 1944 von den Nationalsozialisten erschossene Mathematik-Historiker Jean Cavaillès hat den logischen Empiristen des Wiener Kreises ein fehlendes Verständnis für die spezifische Rationalität wissenschaftlicher Systeme vorgeworfen. Die französischen Epistemologen betrachten die Geschichte der Wissenschaften nicht als kontinuierliche Akkumulation von Kenntnissen innerhalb eines Wissensbereichs, sondern als stets neubegonnene Produktion eines Begriffssystems. Da ihnen der Aspekt der Wissens*produktion* besonders am Herzen liegt, berufen sie sich – wie der Arzt und Biologie-Historiker Georges Canguilhem – gerne auf Kant.[1] Allerdings glauben sie genausowenig an die Allmacht eines transzendentalen Subjekts wie an die Möglichkeit, aus den Ergebnissen der Wissenschaft einer Zeit endgültige Regeln für die Produktion von Erkenntnissen abstrahieren zu können.

Einer der wichtigsten Begründer der hier besprochenen Schule ist Gaston Bachelard (1884-1962); seine Einwände gegen die ältere Wissenschaftsphilosophie konzentrieren sich auf zwei Punkte. Die philosophischen Systeme behandeln den wissenschaftlichen Geist gleichsam als Verlängerung des Alltagsverstandes und schenken der Geschichte der Wissenschaften nur deshalb ihre Aufmerksamkeit, weil sie sich davon Aufschluß über die Vervollkommnungsfähigkeit der menschlichen Vernunft erhoffen; als geschlossene und finalistische Systeme drängen sie sich überdies einem offenen wissenschaftlichen Denken auf, während es sich umgekehrt die Wissenschaftsgeschichte gar nicht leisten kann, innerhalb der Reinheit spekulativen Philosophierens zu arbeiten. Bachelards Konzept des „Nouvel esprit scientifique" verrät wohl am stärksten seine Treue zum positivistischen Fortschrittsverständnis; es wird auch zuweilen als Variation des Comteschen Dreistadien-Gesetzes betrachtet. Bachelard unterteilt die Geschichte des Wissens in drei Perioden: Der „vorwissenschaftliche Zustand" reicht von der Antike bis ins Zeitalter der Aufklärung, der „wissenschaftliche Zustand" von der Aufklärung bis zum Anfang unseres Jahrhunderts, während mit Einsteins Relativitätstheorie der „neue wissenschaftliche Geist" einsetzt. Dieser Periodisierung entspricht eine Dreiteilung der Erkenntnistätigkeit, die zunächst im „konkreten Stadium" von Bildern lebt, darauf im „konkret-abstrakten Stadium" die Sinneswahrnehmung schematisiert und schließlich im „abstrakten Stadium" mit der unmittelbaren Realität in Widerspruch gerät.

Damit sind wir beim zweiten Konzept. Weil sich zwischen Alltagserkenntnis und wissenschaftlicher Erkenntnis ein tiefer Graben auftut, kann letztere nur durch die Überwindung „epistemologischer Hindernisse" zustandekommen. Der erkennende Geist ist stets schon mit Vorurteilen belastet; wie für Nietzsche ist auch für Bachelard Erkennen zunächst ein Verkennen bzw. ein Wieder-Erkennen, die Modellierung des Objekts nach der Gestalt der uns vertrauten Alltagswelt. Unsere Bedürfnisse, unser Drang, in der Welt das für unsere Zwecke Nützliche zu entdecken, wirken hemmend auf den Erkenntnisprozeß. Ein erstes epistemologisches Hindernis stellt die gewöhnliche Erfahrung dar; der wissenschaftliche Geist muß sich unter stetem Bezug auf rationale Konstruktionen gegen die Natur bilden. Die Verallgemeinerung von Erfahrungen, die großzügige Verwendung von Namen, die Zuhilfenahme von Bildern, die Sehnsucht nach einem einheitlichen und harmonischen Weltbild, der menschliche Besitzwahn, der im Substantialismus und Realismus zum Ausdruck kommt, schließlich animistische, körperliche und libidinöse Projektionen sind weitere Hindernisse. Die Gesamtheit solcher Hindernisse bildet das Unbewußte des wissenschaftlichen Geistes. Bachelard hat denn auch seinem Buch *La formation de l'esprit scientifique* (1938) den Untertitel gegeben „Contribution à une psychanalyse de la connaissance objective". Die persönlichen Irrtümer und Vorurteile sollen nicht mittels individueller Therapie überwunden werden, sondern durch soziale Kontrolle. Die Wissenschaft erreicht ihre objektive Basis, wenn sie sozial wird; sie findet statt im Kollektiv der Forscher. Werden wissenschaftliche Theorien dank der Überwindung epistemologischer Hindernisse gewonnen, so kann man sie als Resultate eines „epistemologischen Bruchs" bezeichnen, womit wir beim vielleicht populärsten, sicher aber vieldeutigsten Konzept Bachelards angelangt sind. Bachelard versteht darunter meist die Diskontinuität zwischen alltäglicher und wissenschaftlicher Erkenntnis, doch zuweilen scheint der Begriff auch den Übergang zwischen den oben genannten Perioden oder die Distanz zwischen Wissenschaft, Philosophie und Literatur, ja selbst die kulturellen Schwellen oder den Kontrast zweier Mentalitäten zu bezeichnen.

Bachelard hat mit seinen Arbeiten den Rahmen herkömmlicher erkenntnistheoretischer Fragestellungen gesprengt und sich – wie vor ihm Nietzsche – über das Ursprungsdenken der Philosophie mokiert. Den Begriffen von Subjekt und Objekt als der Erkenntnisproduktion vorgegebenen Instanzen hat er ebenso den Kampf angesagt wie den erkenntnistheoretischen Positionen von Idealismus und Empirismus. Schon früh postuliert er eine „Phänomenotechnik", geht also davon aus, daß die Phänomene technisch produziert und die Instrumente gleichsam materialisierte Theorie sind. Unter Berufung auf Marx macht er geltend, daß der aktive Mensch seine Technik in die Natur einschreibt, es also nie mit einer „ursprünglichen" Natur zu tun hat. Ein „technischer Materialismus" tritt mithin an die Stelle von Empirismus und Realismus, während der Idealismus durch einen „angewandten Rationalismus" ersetzt wird.[2]

Daß Bachelard auf die zeitgenössische Philosophie, insbesondere auf Althusser und Foucault, einen prägenden Einfluß ausgeübt hat, ist bekannt. Gerade im Kreis seiner Schüler ist aber auch auf die Grenzen seines Ansatzes aufmerksam gemacht worden. Michel Serres hat die „Psychoanalyse der objektiven Erkenntnis" einer schonungslosen Kritik unterzogen. Bachelards Buch *La formation de l'esprit scientifique* sei genau besehen ein Traktat der Seelenführung, ein Versuch, den Prozeß der wissenschaftlichen Forschung den Geboten der christlichen Moral zu unterwerfen, eine Anleitung zur Katharsis. Bachelards Sprache verrät tatsächlich stellenweise eine puritanische Moral; es macht ganz den Anschein, als betrachte er den Erkenntnisfortschritt als Belohnung für ein gutes Leben, das sich – frei von Unzucht, Habsucht, Gefräßigkeit, Stolz und Faulheit – ganz in Askese und Arbeit erfüllt (vgl. Serres 1972/211 ff). Serres wirft Bachelard überdies vor, er übersehe die Allianz, die seit jeher zwischen Wissen und Macht bestanden habe, die Verflechtung der Wissenschaften mit den politischen und militärischen Apparaten. Seinem Urteil nach ist jede Wissenschaftsgeschichte so lange zum Scheitern verurteilt, wie sie an der Trennung von Logos und Mythos, von Wissen und Fiktion festhält und vor den Isomorphismen, den formalen Äquivalenzen zwischen wissenschaftlichen Systemen, Fabeln, Romanen, Gemälden, Maschinen und Produktionsinstrumenten die Augen verschließt.

Den Begriff des transzendentalen Subjekts weist allerdings auch Serres als mythisch zurück. Die Bedingungen der Möglichkeit von Erkenntnis sieht er in der gesellschaftlichen Realität vorgegeben; aus diesem Grund beruft er sich in seiner epistemologischen Arbeit auf Marx, der das kritische Vorhaben Kants auf die Füße gestellt habe (Serres 1975/86 ff). Auch Serres hat sich mit dem Problem des epistemologischen Bruchs bzw. Einschnitts befaßt. Gemäß seiner Definition hat eine Wissenschaft dann ihr Reifestadium erreicht, wenn sie ihre Sprache selbst reguliert und nicht mehr auf Werte aus anderen Wissensbereichen angewiesen ist (vgl. Serres 1969/189). Wo diese Autonomie nicht gewonnen ist, sollte man nicht von Wissenschaftsgeschichte, sondern von Archäologie sprechen. Was Serres an Foucaults Archäologie der Psychiatrie fasziniert, ist der Umstand, daß sie die Geschichte eines Wissens beschreibt, in der ein epistemologischer Bruch noch gar nicht absehbar ist. Die Feststellung, daß auch dieser Epistemologie eine kathartische oder besser ethische Intention zugrunde liegt, kommt hier keinem Einwand gegen sie gleich, vermag Foucault doch zu zeigen, daß die Psychiatrie ihre Werte aus den politisch-administrativen Praktiken der Raumaufteilung, also letztlich der sozialen Diskriminierung bezieht.

Foucault selbst weiß sich zwar Bachelard verpflichtet, doch sollte nicht vergessen werden, daß er in seinen früheren Schriften einige unauffällige Seitenhiebe gegen ihn geführt hat. In *Naissance de la clinique* erklärt er das Projekt einer Psychoanalyse der medizinischen Erkenntnis für untauglich. Die Entwicklung der modernen Medizin sei nicht das Ergebnis einer

Läuterung, sondern schlicht einer veränderten Ästhetik. ,,Der neue Geist der Medizin ... ist nicht psychologischen und epistemologischen Reinigungsprozessen zu verdanken; er ist nichts anderes als eine epistemologische Reorganisation der Krankheit, in der die Grenzen zwischen dem Sichtbaren und dem Unsichtbaren neu gezogen werden." (1963 a/206) Der Begriff des wissenschaftlichen Unbewußten nimmt bei Foucault einen anderen Stellenwert ein als bei Bachelard. Wenn nach Bachelard das Unbewußte dem Erkenntnisprozeß Hindernisse in den Weg legt und das Denken mit schönen Bildern und vertrauten Metaphern verführt, so hat der Forscher die Pflicht und auch die Chance, der Versuchung standzuhalten. Foucault hingegen konstatiert aus der Distanz des ,,ethnologischen Blicks" einen Bereich, der der bewußten Forschertätigkeit verborgen bleibt, ohne diesen Umstand negativ zu bewerten. Einen unmittelbaren Einfluß auf Foucault hat Bachelards Schüler und Nachfolger Canguilhem ausgeübt; vor allem seine Studie über das Normale und das Pathologische in der Medizin, der Biologie und der Soziologie – in einer ersten Fassung 1943 erschienen – ist wegweisend gewesen (Canguilhem 1972).

Verschiedentlich ist auf die lange Zeit ignorierten Parallelen zwischen der französischen Epistemologie und den Arbeiten von Popper, Feyerabend, vor allem aber Thomas Kuhns Theorie der wissenschaftlichen Revolutionen aufmerksam gemacht worden. Nachdem bereits Piaget durch Foucaults Episteme-Begriff an Kuhns Paradigma-Konzept erinnert worden ist, interessiert sich die Foucault-Rezeption neuerdings vermehrt für allfällige Verwandtschaften zwischen den beiden Denkern. Ian Hacking (vgl. Hacking 1979), der in Foucaults Werk – im Gegensatz zu innerhalb der analytischen Philosophie gängigen Meinungen – einen produktiven Beitrag zur Wissenschaftstheorie erblickt, sieht dessen Verdienst hauptsächlich darin, daß er die ,,unreifen" Wissenschaften zum Gegenstand der Untersuchung gewählt und gezeigt hat, wie auch diese strikten Regeln unterworfen sind, die jedoch nicht dem hypothetisch-deduktiven Modell entsprechen, daß mithin rationales Argumentieren innerhalb dieser Wissenschaften durch solche Regelmäßigkeiten bestimmt ist. Die besondere Aufmerksamkeit, die Foucault den Diskontinuitäten widmet, verbindet ihn zwar auf den ersten Blick mit Kuhn, doch entspricht die Struktur der Kuhnschen Revolutionen nicht derjenigen von Foucaults epistemologischen Umbrüchen. Bei Kuhn wird eine Krise überwunden, wenn sich dank der Annahme eines Paradigmas durch die Forschergruppe eine normale Wissenschaft etabliert, während nach Foucault die Strukturen, die die unreifen Wissenschaften beherrschen, unartikuliert bleiben.

Im Gegensatz zu Hacking meint F. Weinert starke Affinitäten zwischen Kuhn und Foucault feststellen zu können. Gemeinsam sei beiden Autoren ein neues Geschichtsverständnis: „Die Arbeit der Geschichte ist nicht die des Anhäufens, sondern die des Umwandelns, der Veränderung; das Ergebnis dieser Arbeit schlägt sich in der Diskontinuität der geschichtlichen Strukturen nieder." (Weinert 1982/338) Des weiteren wird eine Parallelität im Begriffssystem konstatiert. Da die Regeln der diskursiven Praktiken den Sprechenden verborgen bleiben, ist es die Aufgabe des Historikers, die implizite Grammatik zu formulieren; ob man dabei von Episteme oder von normaler Wissenschaft, von Formationsregeln oder von einer disziplinären Matrix sprechen will, ist für Weinert zweitrangig. Kuhn wie Foucault befassen sich mit den Prozessen und Ergebnissen des Wandels und gelangen dabei zur Behauptung der Inkommensurabilität verschiedener wissenschaftlicher Systeme; insofern können sie beide als Relativisten bezeichnet werden. Weinert zeigt jedoch, daß ein so verstandener Relativismus, nämlich die Verneinung des „natürlichen Objekts" bzw. dessen Reduktion auf ein Korrelat einer bestimmten diskursiven Praxis, nicht mit demjenigen von Feyerabend zu verwechseln ist, d. h. mit der Forderung nach Gleichberechtigung aller Traditionen. Es läßt sich mit Foucaults Methode gegen Feyerabend zeigen, daß nicht-wissenschaftliche „Traditionen" und Wissenschaften durchaus den gleichen unbewußten Regelsystemen entstammen können. Weinert allerdings bringt Foucault allzu wohlwollend in die Nähe von Kuhns wissenschaftsgeschichtlichem Evolutionismus. Alle berechtigten Vergleiche dürfen nicht vergessen lassen, daß Foucaults Archäologie der Humanwissenschaften im Gegensatz zu den meisten Wissenschaftstheorien nicht die Rekonstruktion eines Erkenntnisfortschritts zum Ziel hat, sondern den Nachweis, daß ein solcher in den betreffenden Disziplinen gar nicht stattgefunden hat.

2. *Strukturalismus und Antihumanismus*

Zu den ersten Kritikern, die Foucaults *Geschichte des Wahnsinns* eine lobende Besprechung gewidmet haben, gehören Roland Barthes und Michel Serres; beide lassen sich im Rückblick als bedeutende Exponenten der strukturalistischen Bewegung bezeichnen. Barthes hat in Foucaults Buch eine strukturalistische Geschichtsschreibung konstatiert, in welcher der Wahnsinn nur innerhalb einer Struktur des Ausschlusses faßbar ist. Die allseits mit Leidenschaft und mit weltanschaulichen Standortbestimmungen geführten publizistischen Gefechte für und wider den Strukturalismus setzen erst Mitte der 60er Jahre ein. Als 1966 *Les mots et les choses* erscheint, rückt Foucault sogleich zum typischen Repräsentanten der strukturalistischen Ideologie auf. Jean-Paul Sartre zieht gegen das Buch zu Felde, weil er darin eine globale Attacke gegen das geschichtliche Denken und ein Bollwerk der bürgerlichen Ideologie gegen den Marxismus zu entdecken meint (vgl. Sartre 1966). Die Fronten sind natürlich keineswegs so klar. Bereits 1963 hat sich der Marxist Henri Lefebvre, für den der Strukturalismus schlicht die Ideologie der bürokratisch-technokratischen Macht darstellt, darüber aufgeregt, daß sich sowohl Lévi-Strauss wie Sartre – seiner Ansicht nach beide zu Unrecht – auf Marx berufen. In Sartres Zeitschrift *Les temps modernes* melden sich 1967 Sylvie LeBon und Michel Amiot zu Wort. LeBon sieht im Autor von *Les mots et les choses* einen „verzweifelten Positivisten" am Werk, der die Geschichte im System erstarren lasse und weder die Synchronie des Wissens noch die Ursache der Brüche, weder die gesellschaftliche Bedingtheit des Denkens noch die Leistung einzelner Denker wirklich zu erklären bzw. zu würdigen vermöge. Amiot diagnostiziert einen Kulturrelativismus und vergleicht Foucault mit Spengler.

Auch die Zeitschrift *Esprit* beteiligt sich an der Debatte. Jean-Marie Domenach faßt wohl die Motive der Gegner am bündigsten zusammen, wenn er seine Bedenken gegen eine strukturalistische Ideologie äußert, in welcher das System über den Menschen herrscht und entweder die Geschichte zum Stillstand gebracht wird oder das umwälzende Ereignis nur „von außen" kommen kann, also nicht Bestandteil eines rational rekonstruierbaren historischen Prozesses ist (Domenach 1967). Mikel Dufrenne publiziert 1968 ein Buch unter dem engagierten Titel *Pour l'homme*. Seiner Überzeugung nach handelt es sich beim französischen Strukturalismus um die Synthese von philosophischen Impulsen, die einerseits von Heidegger, andererseits vom Neopositivismus des Wiener Kreises ausgegangen sind; die in beiden Denkhaltungen implizierte Verachtung des Menschen entfalte sich im Strukturalismus zum beherrschenden Thema. Die erstaunlichen Verwandtschaftsbeziehungen, die Dufrenne aufdeckt, sind zwar indiskutabel, doch sind wir damit beim Kern der Auseinandersetzung angelangt: Der Strukturalismus ist in den Augen der Gegner ein Antihumanismus – theoretisch, weil er die menschliche Freiheit leugne, praktisch, weil er sich auf die Seite einer menschenverachtenden Technokratie schlage. Tatsächlich haben namhafte Vertreter des Strukturalismus das humanistische Denken als unwissenschaftlich verurteilt. Claude Lévi-Strauss hat in seinem Buch *La pensée sauvage* die provozierende These formuliert, Ziel der Wissenschaften vom Menschen sei es, den Menschen aufzulösen. Die Anthropologie müsse auf eine strenge Naturwissenschaft reduziert werden. Dies ist allerdings nie das Ziel von Foucault gewesen.

Jean Piaget, der im Gegensatz zu den oben erwähnten Rezensenten dem Strukturalismus keineswegs ablehnend gegenübersteht, hat bezüglich Foucaults Arbeit von einem Strukturalismus ohne Strukturen gesprochen (Piaget 1968), während Jeanne Parain-Vial, die eine Zuordnung Foucaults zum Strukturalismus für problematisch hält, meint, dessen Episteme-Begriff zeige eine größere Nähe zu den Kantschen Kategorien als zu linguistischen Strukturen (Parain-Vial 1969/192). Eine besonders subtile Erörterung des Themas hat François Wahl vorgelegt. Sein Ausgangspunkt ist das ungeklärte Verhältnis zwischen der Philosophie und dem Strukturalismus – bekanntlich haben sich die gemeinhin mit dem Strukturalismus identifizierten Philosophen Althusser, Foucault und Derrida stets mehr oder weniger deutlich gegen diese Klassifizierung gewehrt.[3] Laut Wahl, der sich selbst als Strukturalisten versteht, kann Foucault allerdings tatsächlich nicht zu dieser Schule gezählt werden. Der Struktur-Begriff spiele nämlich in *Les mots et les choses* die gleiche Rolle wie der Mensch im Rahmen der romantischen Episteme (vgl. Wahl 1968). Die Struktur wäre demnach Bedingung der Möglichkeit, unbewußte Grundlage von Wissen und Inhalt eines positiven Wissens zugleich, während sie doch nichts anderes sein soll als ein autonomer logischer Apparat. In den Augen eines konsequenten Strukturalisten ist Foucault in jener anthropologischen Ideologie steckengeblieben, die er doch aus Distanz beschreiben wollte, und hat den Schritt zur strukturalen Wissenschaft nicht vollzogen.

Foucault hat sich verschiedentlich vom Strukturalismus distanziert. Im Vorwort zur deutschen Übersetzung von *Les mots et les choses* weist er darauf hin, er habe keine der Methoden, Begriffe und Schlüsselwörter benutzt, die die strukturale Analyse auszeichnen. Doch solche Stellungnahmen markieren keine Gegnerschaft zum Strukturalismus, sie scheinen eher Foucaults Befürchtung auszudrücken, die Originalität seiner Arbeit werde durch eine vorschnelle Etikettierung verkannt. In dem Maße, wie der Strukturalismus als philosophische Revolution verstanden worden ist, hat Foucault in den 60er Jahren nichts dagegen einzuwenden gehabt, als dessen Mitstreiter zu gelten. Werfen wir an dieser Stelle einen kurzen Blick auf einige seiner Selbstdarstellungen, um zu erfahren, wie er seinen Denkweg verstanden hat.

Ein Gespräch, das er 1966 mit Madeleine Chapsal geführt hat (vgl. 1966c), fällt durch den engagiert-polemischen Tonfall seiner Äußerungen auf und zeigt, daß er sich genau wie seine humanistischen Gegner als Bannerträger einer nicht nur theoretischen, sondern auch politischen Bewegung versteht. Die ,,Entdeckung", die den Übergang von der Phänomenologie und vom Existentialismus zum Strukturalismus markiert, ist die Zerstörung des Subjekts. An die Stelle Gottes, an die Stelle des Menschen tritt ein ,,anonymes Denken, Erkenntnis ohne Subjekt, Theoretisches ohne Identität". Diese Entdeckung führt zur Absage an Sartre und seine Lehre von der menschlichen Freiheit, zur Behauptung eines unbarmherzigen Determinismus. ,,Man denkt innerhalb eines anonymen und zwingenden Gedankensystems, nämlich dem einer Epoche und einer Sprache. Dieses Denken und diese Sprache haben ihre eigenen Gesetze der Umwandlung. Die Aufgabe der heutigen Philosophie . . . besteht darin, dieses Denken vor dem Denken, dieses System vor jeglichem System wieder zutage zu fördern." Die Frage, ob man sich, um ein solches System darstellen zu können, jenseits davon befinden müsse, bringt Foucault in eine leichte Verlegenheit. ,,Um das System zu denken, wurde ich schon von einem System hinter dem System gezwungen, das ich nicht kenne und das in dem Maße zurückweichen wird, in dem ich es entdecken werde, in dem es sich entdecken wird . . .". Diese verräterische Stelle zeigt, daß man wohl auch den Menschen nicht loswird, solange man noch an die Grammatik glaubt.

Die Kriegserklärung an den Humanismus bildet den politischen Aspekt der ,,Leidenschaft für das System". Der Humanismus ist in den Augen Foucaults theoretisch unfruchtbar und praktisch-politisch in Ost und West eine reaktionäre Mystifikation; als Erziehungssystem, in dem Herzensbildung angestrebt wird, schneide er den Menschen von der Realität der technisch-wissenschaftlichen Welt ab. ,,Der Versuch, der gegenwärtig von einigen unserer Generation unternommen wird, besteht . . . darin, . . . deutlich zu zeigen, daß unser Denken, unser Leben, unsere Seinsweise bis hin zu unserem alltäglichen Verhalten Teil des gleichen Organisationsschemas sind und also von den gleichen Kategorien abhängen wie die wissenschaftliche und technische Welt."

In einem 1969 mit Paolo Caruso geführten Gespräch (1969d)

versteht Foucault die „Konversion", d.h. den Bruch mit der Phänomenologie, als Abwendung von der Frage nach Sinn und Bedeutung zugunsten einer neu geweckten Aufmerksamkeit für die formalen Bedingungen, die das Erscheinen von Sinn und Bedeutung ermöglichen, stellt jedoch sogleich klar, daß die Analyse dieser Bedingungen nicht sein Thema sei und daß er sich nicht dem Strukturalismus zugehörig fühle. Was ihn von der Phänomenologie trennt und was sein ganzes Werk wie ein roter Faden durchzieht, ist die Infragestellung der Souveränität des Subjekts und des Bewußtseins. Peter Sloterdijk hat in bezug auf *L'archéologie du savoir* von einer „Art Atheismus zweiter Potenz" gesprochen, „der als Irreligiosität vor dem Ich eingesetzt wird"; von einem „Rückzug aus dem Humanismus in eine Identität ohne personales Gesicht" (Sloterdijk 1972/181). Dieser subjektdestruierende und antihumanistische Atheismus scheint erst in zweiter Linie vom Strukturalismus geprägt zu sein; Foucault hat verschiedentlich auf die Anregungen hingewiesen, die er von bestimmten Strömungen der Literatur empfangen habe.

Nachdem ihn die Lektüre Nietzsches aus dem „dialektischen Universum" herausgerissen hat, begegnet er der Thematik des Verschwindens des Subjekts und der Selbstmächtigkeit der Sprache in vielfältiger Gestalt. Vor allem die Frage nach der Relation von künstlerischem Werk und Wahnsinn scheint ihn gefesselt zu haben. Die Einleitung zu Rousseaus *Dialogues* und die Besprechung von Laplanches Hölderlin-Buch kreisen um sie. Mallarmé, Flaubert, Roussel, Bataille, Blanchot und Klossowski widmet er kürzere oder längere Arbeiten. Er ist mit Alain Robbe-Grillet befreundet; mehr noch als der Surrealismus faszinieren ihn die Gruppe Tel Quel und der Nouveau Roman. Foucaults philosophische Reflexion verdankt womöglich den Anstößen aus der modernen Literatur ebensoviel wie der fachphilosophischen Diskussion. Die folgende Stelle aus der Bataille-Besprechung mag einen Fingerzeig geben, welches für ihn in den 60er Jahren das philosophische Grundproblem gewesen ist. „Das Spiel von Grenze und Überschreitung ist heute wohl der wesentliche Prüfstein eines Denkens des ‚Ursprungs', dem uns Nietzsche von Anbeginn seines Werkes an überantwortet hat – eines Denkens, das Kritik und Ontologie in einem ist, eines Denkens, das die Endlichkeit und das Sein denkt ... Man kann sagen, daß es aus der Öffnung der abendländischen Philosophie hervorgegangen ist, die Kant vollzogen hat, als er in einer noch rätselhaften Weise den metaphysischen Diskurs mit der Reflexion über die Grenzen unserer Vernunft verband. Am Ende hat er allerdings selber diese Öffnung mit der anthropologischen Frage wieder geschlossen, auf die er letzten Endes alle kritischen Fragen zurückgeführt hat.[4] In der Folge hat man sie als Gewährung einer endlosen Frist für die Metaphysik verstanden, denn die Dialektik hat an die Stelle der Infragestellung des Seins und der Grenze das Spiel des Widerspruchs und der Totalität gesetzt. Um uns aus dem dialektisch-anthropologischen Schlummer zu wecken, bedurfte es der Nietzscheschen Figuren des Tragischen und des Dionysos, des Todes Gottes, des Hammers des Philosophen, des Übermenschen, der auf Taubenfüßen kommt, und der Wiederkunft." (1974a, dt./40)

Kant und Nietzsche sind gemäß Foucaults Sicht der Philosophiegeschichte die maßgeblichen Denker. Was sich zwischen ihnen ereignet hat, was wir als die romantische oder moderne Episteme kennengelernt haben, ist gleichsam eine zu Unrecht auf den Menschen fixierte Verirrung des Denkens.

3. Das Problem des Transzendentalen und der Vorwurf der Metaphysik

Paul Ricoeur hat in einem November 1963 in der Zeitschrift *Esprit* erschienenen Artikel das Unternehmen von Lévi-Strauss als einen „Kantianismus ohne transzendentales Subjekt" charakterisiert, während Jeanne Parain-Vial darin eine Philosophie zwischen Neokantianismus und Marxismus erblickt hat. Maurice Corvez ist in seinem Buch über die Strukturalisten (1969) einen Schritt weiter gegangen. Für ihn ist Kant schlechthin der Stammvater der Strukturalisten. Die Gemeinsamkeit besteht in seinen Augen darin, daß sich der erkennende Geist damit bescheiden muß, dem Inhalt Formen zu geben, die jeder Erkenntnistätigkeit zugrundeliegen. In die Nachfolge Kants stellt Corvez insbesondere Foucault; dessen Intention sei es gewesen, die Kantsche Kritik zu radikalisieren und das Ende jeder Ontologie und Metaphysik des Unendlichen zu besiegeln.

Die Bedeutung Kants für Foucault scheint mir von den meisten Kommentatoren kaum genügend berücksichtigt worden zu sein. Die unveröffentlichte Einleitung zu Kants *Anthropologie in pragmatischer Hinsicht* – ein Teil von Foucaults These – dürfte ein Schlüssel für das Verständnis von *Les mots et les choses* sein. Die Kantsche Schrift ist für Foucault deshalb von außerordentlichem Interesse, weil sich darin das Praktische und das Theoretische, der Imperativ der Moral und das Apriori der Erkenntnis durchdringen, weil sie ganz von der kritischen Fragestellung nach der Möglichkeit und den Grenzen anthropologischer Erkenntnis beherrscht wird. Das Scheitern der nachkantischen Philosophie liegt nach seinem Urteil darin, im Bemühen um die Begründung einer Anthropologie bzw. in der Hoffnung, auf diesem Weg einen Zugang zum Fundamentalen zu finden, die kritische Lektion vergessen zu haben. Die nachkantischen philosophischen Anthropologien bilden in seiner Perspektive gleichsam das Gegenstück zu den „transzendentalen Illusionen der vorkantischen Metaphysik". Suchen letztere mittels einer Transgression die Macht des Verstandes über die Grenzen möglicher Erfahrung hinaus auszudehnen, so möchte das anthropologische Denken in einer Regression dem Menschen als bloßem empirischen Inhalt der Erkenntnis einen transzendentalen Wert zuschreiben. Die Philosophie sollte mithin, ehe sie mit den Wissenschaften vom Menschen kommunizieren will, Kants Weg der Erkenntniskritik repetieren. Als Modell einer solchen Aktualisierung empfiehlt Foucault – wohl etwas unerwartet – das Unternehmen Nietzsches.[5]

Foucaults *Archäologie der Humanwissenschaften* kann gelesen werden als Aufforderung zur Rückkehr zu Kant, als Versuch, die Kantsche Kritik auf die Geschichte des Wissens zu übertragen. „... in der Geschichtlichkeit des Wissens zählen nicht die Meinungen oder die Ähnlichkeiten, die man durch die

Epochen hindurch zwischen ihnen feststellen kann...; was wichtig ist, was die Geschichte des Denkens in sich selbst zu gliedern gestattet, sind ihre immanenten Bedingungen der Möglichkeit." (1966a/336) Kant hat einmal geschrieben: „Eine philosophische Geschichte der Philosophie ist selber nicht historisch oder empirisch sondern rational d.i. a priori möglich. Denn ob sie gleich Facta der Vernunft aufstellt so entlehnt sie solche nicht von der Geschichtserzählung sondern sie zieht sie aus der Natur der menschlichen Vernunft als philosophische Archäologie." (Akademie-Ausgabe 20/341). Ersetzt man die „Natur der menschlichen Vernunft" durch die „Episteme" und berücksichtigt, daß letztere nicht unveränderlich, sondern epochenspezifisch ist, so läßt sich eine gewisse Verwandtschaft zwischen den beiden Auffassungen herauslesen. Mit deutlichen Anspielungen auf Kants Ausspruch vom dogmatischen Schlummer, aus dem ihn Hume aufgeweckt habe, gibt Foucault seine Absichten zu erkennen: nachdem die Philosophie in der Anthropologie einen neuen Schlaf gefunden habe, gelte es, sie daraus zu wecken und an ihre „ursprünglichsten Möglichkeiten zu erinnern". Wohl niemand hat Foucaults Ehrgeiz, in die Fußstapfen von Kant zu treten, besser gespürt, als sein Lehrer Georges Canguilhem. *Les mots et les choses* – so meint er – könnte für einen zukünftigen Kant wie eine skeptische Infragestellung der bisherigen Metaphysik wirken. Überspringe man die Etappen der Philosophiegeschichte, ließe sich sagen, das Werk spiele für die Geschichte der Humanwissenschaften eine ähnliche Rolle wie die *Kritik der reinen Vernunft* für die Naturwissenschaften (vgl. Canguilhem 1967/618).

Wenn diese Einschätzung zutrifft, so wäre mit dem Vorwurf des Irrationalismus, wie ihn in Deutschland vor allem Jean Améry erhoben hat, etwas behutsamer umzugehen. Ebensowenig wäre von einem „Diskurs der Gegenaufklärung" zu sprechen. Eine der Hauptthesen in Manfred Franks Vorlesung über den Neostrukturalismus (1983) ist sogar gerade die, eine gewissenhafte Lektüre von *Les mots et les choses* bringe eine unerwartete Affinität Foucaults zur Aufklärung zum Vorschein. Was jener in seiner Periodisierung als Zeitalter der Klassik benennt, meint Frank mit Aufklärung übersetzen zu können. Er liest aus Foucaults Darstellung eine Vorliebe für das klassische Repräsentationsmodell heraus; die Saussuresche Linguistik werde als Rehabilitation dieses Modells begrüßt und mit dem Stichwort der ,,Wiederkehr der Sprache" eine enge Verwandtschaft zwischen Aufklärung und Strukturalismus behauptet. Frank belegt seine Beweisführung mit Zitaten aus Foucaults Vorwort zur *Grammaire générale et raisonnée* von Arnauld und Lancelot (vgl. 1969b/IIIff).

Übrigens hat bereits François Wahl darauf hingewiesen, die Repräsentation werde bei Foucault vom Kreislauf der epistemologischen Variationen und damit von der archäologischen Hinterfragung ausgenommen (Wahl 1968/363). Zwar drängt sich der Verdacht auf, Frank verwandle allzu sorglos deskriptive und vergleichende Aussagen Foucaults in wertende, doch dies ist hier nicht weiter von Bedeutung, da seine These tiefer greift. Frank wendet gegen Foucaults Konstruktion eines epistemologischen Umbruchs zwischen Klassik und Moderne ein, die Kontinuität zwischen dem klassischen Repräsentations- und dem idealistischen Bewußtseinsmodell, die beide von der Idee der Selbstreflexivität der Vorstellung beherrscht sind und mit einem aufklärerischen Universalitätsanspruch auftreten, werde dabei übersehen. ,,Man sollte erwarten, daß Foucault diese Theorie [die Subjekttheorie von Kant, Reinhold und dem frühen Fichte, UM] schroff verwirft; denn sie ist unverträglich mit der Ansicht, das Subjekt erwachse auf einer Basis, die nicht nur seinem Bewußtsein entgleitet, sondern dieses Bewußtsein vielmehr determiniert. Gerade diesen Schritt vollzieht Foucault aber nicht; er attackiert nicht den Cartesianismus – das Prinzip der Durchsichtigkeit des Wissens für sich selbst –, sondern seine Trübung durch die romantische Entdeckung des Unbewußten oder Ungedachten, welches dem Bewußtsein unverfüglich vorausliegt ..." (Frank 1983/197). Frank gelangt zum Schluß, daß ,,das Modell eines in seiner Anwendung identisch sich erhaltenden Systems – wie uns Heidegger und Derrida vor allem gezeigt haben – völlig ungeeignet ist, die Prädominanz des Subjekts zu brechen, insofern in diesem Modell der Traum des

Subjekts, sich in den Akten seiner ,vor-stellenden Weltbemächtigung' transparent zu bleiben, seinen höchsten abendländischen Gipfel erklimmt ..." (Frank 1983/214). Foucault bliebe also seinerseits in einer Metaphysik der Subjektivität gefangen; diese Überlegung bringt uns zurück zur Humanismusproblematik.

1949 hat Heidegger seinen *Brief über den Humanismus* veröffentlicht, um den Unterschied zwischen seinem metaphysikkritischen Antihumanismus und dem seinem Urteil nach metaphysischen Existentialismus Sartres zu betonen. Sartre hat – etwa in seinem 1947 in den *Situations I* erschienenen Aufsatz über die cartesische Freiheit – einen atheistischen Humanismus begründen wollen und unter Berufung auf Descartes die göttliche Freiheit für den Menschen gefordert. Diese Freiheit ist zu verstehen als unbegrenzte Produktivität und Kreativität. Unter diesem Aspekt scheint der Abstand zwischen Existentialismus und Strukturalismus nicht unüberwindlich zu sein. Wenn Foucault die Menschen mit Wissenschaft und Technik versöhnen möchte, so will er sie zweifellos nicht nur mit deren Gefahren, sondern mit deren positiven Möglichkeiten vertraut machen, ihnen also die Macht über die Welt (zurück-)geben. Descombes spricht in diesem Zusammenhang von einem Paradox des Strukturalismus: „... er verkündet die Absicht, gegen die ,Philosophie des Bewußtseins' zu kämpfen ...; er will die Unterwerfung des Menschen unter Zeichensysteme (die jedem einzelnen von uns vorausgehen) zeigen; doch leistet er diesen Aufweis, indem er seine Begriffe aus der Informationstheorie schöpft, das heißt aus dem Denken von Ingenieuren, deren Wunsch es ist ..., dem Menschenwesen dank einer besseren Beherrschung der Kommunikation die Kontrolle über alle Dinge zu geben. Nichts an dieser Absicht scheint ernsthaft die ,Philosophie des *cogito*', das heißt die cartesische Ausrichtung der Philosophie in Frage stellen" (Descombes 1979/123).

Fassen wir die Ergebnisse der Kritik zusammen: Weil Foucault der vom klassischen Rationalismus und vom transzendentalen Idealismus geteilten Auffassung der Transparenz des Wissens für sich selbst treu bleibt, fehlt seiner Absage an die Herrschaft des Subjekts die nötige Konsequenz. Den Platz des Subjekts nimmt bei ihm das System ein.

An dieser Stelle sei noch erwähnt, daß auch der Neukantianismus Foucault beeinflußt hat. In einem selten beachteten Artikel aus dem Jahr 1966 hat er die französische Übersetzung von Cassirers Buch über die *Philosophie der Aufklärung* (1932) rezensiert. Er versteht den Neo-Kantianismus Cassirers nicht primär als philosophische Schule, sondern als Ausdruck der Unmöglichkeit, die Kantsche Revolution zu übersteigen, bzw. als Auftrag, sie zu aktualisieren. Cassirers Verdienst ist es in Foucaults Augen, das Zeitalter der Aufklärung mittels eines wegweisenden Analysemodells rekonstruiert zu haben; indem er sowohl die individuellen Motive und die biographischen Zufälligkeiten wie auch die determinierenden Faktoren ökonomischer und sozialer Art beiseite lasse, entdecke er das autonome Universum des „discours-pensée", der anonymen und streng geregelten Denkstrukturen. Cassirers Methode wird hier also als Vorbild der Archäologie begrüßt.

Es ist sicher nicht abwegig, die Funktion von Foucaults epistemologischen Feldern, diskursiven Praktiken oder Archiven mit derjenigen von Kants transzendentalem Subjekt zu vergleichen. Sloterdijk ist zuzustimmen, wenn er meint: „Wenn Foucault auf dem Reflektieren in der Leere, in der Absenz der Mitte besteht, so enthält dies gleichsam eine Konzession, daß die Leerstelle eines transzendentalen Subjekts unaufgebbar ist – und daß sie, wenn sie nicht mit einer Substanz besetzbar ist, als Leere festgehalten werden muß." (Sloterdijk 1972/174) Die Unterschiede zwischen den beiden Epistemologien sind klar: Das Transzendentale ist bei Foucault nicht das Selbstbewußtsein, sondern ein anonymes Regelsystem; sein „A priori" ist zudem eine Ordnung, die dem historischen Wandel unterliegt. Allerdings fragt sich, ob Foucault nicht seinerseits in die von ihm beschriebenen Aporien des anthropologischen Denkens gerät. Das Transzendentale ist Bedingung der Möglichkeit von Erkenntnis, aber nicht zugleich selbst Objekt der Erkenntnis. Die Foucaultschen Regelsysteme sind zwar ebenfalls Bedingungen der Möglichkeit des Wissens, darüber hinaus sind es aber gleichzeitig mögliche Gegenstände des archäologischen Wissens. Dreyfus und Rabinow konstatieren daher ein methodologisches Scheitern der Archäologie. Ihrem Urteil zufolge bleibt der archäologische Diskurs gefangen im empirisch-transzendentalen Doppel wie auch in jenem von Cogito und Ungedachtem (Dreyfus/Rabinow 1982).

Wichtiger ist eine andere Kritik: Gemäß der archäologischen Perspektive ist das Wissen durch die inneren Regeln eines Diskurssystems determiniert und steht in keinem unmittelbaren Zusammenhang mit dem sozialen Hintergrund. Andererseits sind diese Regeln auch nicht identisch mit solchen Strukturen, die – wie etwa bei Lévi-Strauss oder Chomsky – auf Naturgesetze reduzierbar sind, da sie ja nicht als zeitlos vorausgesetzt werden. Sie erinnern derart an die „Weltlosigkeit" des Kantschen transzendentalen Subjekts.[6] Zwar nimmt der Begriff der Praxis bzw. der nicht-diskursiven Praktiken in *L'archéologie du savoir* einen verhältnismäßig breiten Raum ein und Foucault möchte die Autonomie der Diskurse nicht mit einem „Statut reiner Idealität und völliger historischer Unabhängigkeit" verwechselt wissen, er neigt jedoch zugleich dazu, mögliche äußere Faktoren in der diskursiven Ordnung inhärente, „bildende Elemente" zu transformieren (vgl. 1969 a/100, 234) und damit die Grenze zwischen Diskurs und gesellschaftlicher Praxis als eine unüberschreitbare erscheinen zu lassen.

Schließlich scheint mir ein weiterer Kritikpunkt angebracht. Als Philosophiehistoriker behandelt Foucault das Gesamtwerk einzelner Denker als kompakte Einheiten; seine 1969 formulierte Kritik am Begriff des Autors hat daran kaum etwas geändert (vgl. 1974 b, dt./7–31). Die Namen von Kant und Nietzsche stehen für grundlegende Entscheidungen im Schicksal des abendländischen Denkens, die innere Entwicklung ihres Denkens gerät dabei völlig aus dem Blickfeld. Vom Widerspruch zwischen dem tragischen Weltverständnis des jungen Nietzsche und seinem späteren Bekenntnis zur Aufklärung, vom komplizierten Verhältnis zwischen der Moralgenealogie und der Wiederkunftslehre ist bei Foucault nicht die Rede. Differenzierter behandelt er das Werk Kants; die Beziehungen zwischen der kritischen und der anthropologischen Fragestellung bilden ja ein zentrales Thema seiner These. Doch auch hier wird nicht von einer Entwicklung und Veränderung der Philosophie Kants gesprochen, sondern von der ,,Struktur des Kantischen Problems". Gerade am Beispiel der Kantschen Spätphilosophie könnte aber gezeigt werden, daß eine Reflexion über den sozialen Auftrag der Philosophie andere Fragen zu beantworten hat als eine reine Erkenntniskritik.

Kant hat mit seiner Vernunftkritik zwischen der Natur und der Freiheit eine ,,unübersehbare Kluft" aufgerissen und zugleich die Notwendigkeit verspürt, diese Kluft zu überbrücken, damit der Freiheitsbegriff ,,den durch seine Gesetze aufgegebenen Zweck in der Sinnenwelt wirklich machen" könne (*Kritik der Urteilskraft* A XIX). In seinen geschichtsphilosophischen Werken ist er bestrebt gewesen, die menschliche Freiheit einem Plan der Natur zu unterwerfen und sicherzustellen, daß die menschliche Gattung im Prozeß der Geschichte ihre Vervollkommnung erreichen kann. Auch der ,,Anthropologie" ist die Sorge um die Vervollkommnung des Menschen in der Gesellschaft nicht fremd. Foucault hat zwar zu Recht darauf hingewiesen, daß sich in dieser Schrift die erkenntniskritische und die moralische Problematik verbinden. Kant ist sich der Schwierigkeiten der Menschenkenntnis bewußt: Ein Mensch, der sich beobachtet weiß, wird verlegen und verstellt sich; sobald er sich selbst beobachtet, ruhen die Triebfedern seines Handelns; überdies wird leicht, was bloßes Produkt der Angewöhnung ist, als erste Natur des Menschen mißverstanden. Die Anthropologie muß zudem – hier kommt der moralische Aspekt ins Spiel – darüber Auskunft geben, was der Mensch als freies Wesen aus sich machen kann und soll. Doch das erkennende Subjekt, dessen Gegenstand der Mensch ist, ist nicht mehr wie in der Vernunftkritik ein ,,weltloses". Der Erkenntnis liegt ja der Wille zugrunde, die Menschen zu disziplinieren, zu kultivieren, zu zivilisieren und zu moralisieren (vgl. *Anthropologie* A 321, *Über Pädagogik* A 22f). Dieser Umstand scheint Foucault in den 60er Jahren nicht interessiert zu haben. Doch der hier zutage tretende Zusammenhang von anthropologischer Erkenntnis und politisch-pädagogischer Intention ist ein gutes Beispiel für jenen Komplex von Wissen und Macht, der ihn in den 70er Jahren beschäftigen wird.

IV. Nietzsche als Vorbild

Nach den Ereignissen vom Mai 1968 hat die französische Regierung im Bestreben, die studentische Konzentration im Pariser Stadtzentrum zu zerstreuen, in den Wäldern von Vincennes eine Universität gegründet. Foucault wird die Leitung der dortigen philosophischen Abteilung anvertraut. In dieser Hochburg der Revolte scheint er seine Aufmerksamkeit hauptsächlich dem Denken Nietzsches gewidmet zu haben. Manchen Protagonisten der linksradikalen Bewegung gilt Nietzsche zu jener Zeit – wie vordem ja auch schon den bedeutendsten Vertretern der Frankfurter Schule – als ein mindestens ebenso wichtiger Denker wie Marx, wenn nicht gar als der subversivere. Foucault hat an der französischen Gesamtausgabe von Nietzsches Werken mitgearbeitet, über Nietzsche jedoch nur wenig geschrieben. Statt dessen hat er versucht, Nietzsches Forschungsmethode, wie sie in *Zur Genealogie der Moral* erprobt worden ist, auf weitere Probleme anzuwenden.

1. Foucaults Rezeption von Nietzsches Moralgenealogie

Nietzsche ist bereits in den früheren, archäologischen Schriften ein wichtiger Orientierungspunkt für Foucault gewesen. *Wahnsinn und Gesellschaft* liest sich stellenweise wie die Suche nach einer verschütteten tragischen Erfahrung, deren Verdrängung durch eine wissenschaftliche Kultur schon Nietzsche beklagt hat. In *Die Ordnung der Dinge* taucht Nietzsches Name regelmäßig dort auf, wo die Aufmerksamkeit auf eine Erschütterung der modernen humanistischen Episteme gelenkt wird. Foucault entdeckt in Nietzsches Themen vom Tod Gottes, vom letzten Menschen, der sein Mörder ist, sowie vom Übermenschen Anzeichen einer epistemologischen Umwälzung. „Neue Götter, die gleichen, wühlen bereits den künftigen Ozean auf. Der Mensch wird verschwinden. Mehr als den Tod Gottes, oder vielmehr in der Spur dieses Todes und gemäß einer tiefen Korrelation mit ihm, kündigt das Denken Nietzsches das Ende seines Mörders ... an." (1966a/460)

1967 befaßt sich Foucault in einem Vortrag mit den Interpretationstechniken bei Marx, Nietzsche und Freud. Diese drei Denker haben uns – so seine These – mit der Aufgabe einer unendlichen Interpretation konfrontiert und in die unbequeme Situation gebracht, uns als Interpreten selbst interpretieren, d.h. nach den unbewußten ideologischen oder psychischen Motiven einer bestimmten Interpretation fragen zu müssen. Unendlich ist eine Interpretation, wenn kein ursprünglicher Text, kein unverfälschter Tatbestand auffindbar ist. Nietzsche hat in *Jenseits von Gut und Böse* (22) die Auffassung vertreten, die Rede von der Gesetzmäßigkeit der Natur sei so gut Interpretation wie jene von der tyrannischen Gesetzlosigkeit der Natur. In seiner Etymologie der moralischen Wertbegriffe wird überdies gut sichtbar, in welchem Maß die Interpretationen von Gut und Böse auf Machtbekundung oder Machtgier zurückzuführen und eben deshalb auch beliebig umkehrbar sind. Freud hat zweifellos größeres Vertrauen in die Fähigkeiten der Wissenschaften gesetzt als Nietzsche. Doch auch er hat darauf hingewiesen, wie schwierig es sei, im Prozeß der Psychoanalyse zu einer abschließenden und richtigen Deutung vorzustoßen. Marx[1] trifft laut Foucault einen entsprechenden Befund, wenn er sich über die Robinsonaden mokiert, mit denen ältere Wirtschaftstheoretiker einen ökonomischen Urzustand darzustellen suchen. Die Kritik der politischen Ökonomie behandle primär die ideologischen Interpretationen der Produktionsverhältnisse. Foucault verschweigt allerdings, daß sowohl die Marxsche Vorstellung von einer vernünftigen Wirtschaftsordnung wie auch das Freudsche Ziel einer Heilung durch Analyse voraussetzen, daß Interpretation dort ihren Abschluß finden muß, wo die verborgenen Ursachen ökonomischen oder psychischen Elends ans Licht treten. Tatsächlich hat Nietzsche die Möglichkeit erkannt, die Welt könnte unendliche Interpretationen in sich schließen. Was hingegen Freud, mehr noch was Marx betrifft, vermag Foucaults Argumentation nicht zu überzeugen. Die Assoziation der drei „Meister des Verdachts" ist allerdings in den 60er Jahren ein beliebtes Thema der französischen Philosophie gewesen.

Wichtiger als der Vortrag von 1967 ist Foucaults Beitrag zur Festschrift für seinen Lehrer Jean Hyppolite: *Nietzsche, l'histoire, la généalogie* (1971); dies vor allem deshalb, weil er zeigt, wie sich Foucault Nietzsches Methode angeeignet hat. Die bevorzugte Farbe der Moralgenealogen ist laut Nietzsches Auskunft das Graue, nämlich das „Urkundliche", das „Wirklich-Feststellbare" (*Zur Genealogie der Moral* Vorrede 7). Diese Farbgebung erinnert an den Staub der Archive; es ist daher nicht erstaunlich, wenn Foucault in der Genealogie die Ergänzung und Fortführung seiner Archäologie erblickt. Wie diese hat sie „die Einmaligkeit der Ereignisse unter Verzicht auf eine monotone Finalität ausfindig zu machen; sie muß den Ereignissen dort auflauern, wo man sie am wenigsten erwartet und wo sie keine Geschichte zu haben scheinen – in den Gefühlen, der Liebe, dem Gewissen, den Instinkten." (1971 b/83) Die Perspektive des Genealogen ist nicht der reine und erhabene Blick des Philosophen, des Metaphysikers, der jenseits der Geschichte steht, der nach dem „Wunder-Ursprung" der Dinge sucht und ihn „hinter der Welt" in einer ungetrübten Idealität vermutet; sie ist eher dem „Maulwurfsblick" des Gelehrten vergleichbar.[2] Der Genealoge sucht nach der Herkunft, der Abstammung der Dinge, und es stört ihn keineswegs, wenn er im Kleinlichen, Lächerlichen, Erbärmlichen, Abscheulichen wühlen muß, das allen moralischen Urteilen zugrundeliegt. Im Gegensatz zu den Ahnentafeln des Adels, worin die Abstammung von einem bedeutenden Vorfahren zum Beweis der eigenen Würde wird, steht Nietzsches Genealogie ganz unter dem Eindruck der Evolutionslehre. Die Abstammung weist auf unzählige verschiedene Herkunftsorte hin, die vertrauten Identitäten lösen sich auf und das menschliche Selbstbewußtsein leidet unter der Enthüllung seiner biologischen Vergangenheit. Die Analyse des Leibes, dieses Konglomerats von Organen, Kräften und Trieben, läßt zudem die substantielle Einheit des Ichs, wie sie durch das Bewußtsein vorgespiegelt wird, als Illusion erscheinen.

Die bevorzugten Forschungsobjekte der Genealogie sind Konfrontationen und Kräfteverhältnisse, Machtäußerungen, Unterwerfungen, nie abgeschlossene Kämpfe um Herrschaft, die Permanenz offener oder verdeckter Gewalt. Noch die Interpretation eines Textes ist ein Akt der Überwältigung und Aneignung. Der unaufhaltsame Fluß eines kriegerischen Werdens ist der Genealogie eigenstes Element,[3] darin erweist sie sich als „wirkliche Historie", die sich von keinem metaphysischen Bedürfnis nach zeitloser Wahrheit verführen läßt. Diese „wirkliche Historie", der sich auch Foucault verpflichtet fühlt, ist weder teleologisch noch deterministisch: „Die Kräfte im Spiel der Geschichte gehorchen weder einer Bestimmung noch einer Mechanik, sondern dem Zufall des Kampfes." Schließlich verkennt der Genealoge nicht, daß auch sein eigenes Wissen stets perspektivisch ist; er nimmt für sich keine Unparteilichkeit und überhistorische Gerechtigkeit in Anspruch.

Daß sich Nietzsche über „Plato's Erfindung vom reinen Geiste und vom Guten an sich" (*Jenseits von Gut und Böse* Vorrede) wie überhaupt über den metaphysischen Trieb, den Ursprung der Werte zu verherrlichen, mokiert, braucht nicht noch einmal betont zu werden. Wichtiger ist vielleicht, daß diese Lehre von der „Herkunft der moralischen Vorurtheile" in entschiedene Opposition zu einer anderen Abstammungslehre tritt, die damals so populär war wie heute. Die Evolutionisten – Darwin, Spencer und ihre Anhänger, zu denen Nietzsches Freund Paul Rée zählt – haben sich zwar auf den ersten Blick vom Platonismus emanzipiert und zu einer rein diesseitigen Betrachtungsweise durchgerungen, tatsächlich aber huldigen sie einer verschämten Teleologie, wenn sie darauf vertrauen, in der menschlichen Kulturentwicklung behaupteten sich letztlich die nützlichen und gemeinschaftserhaltenden Regungen und Handlungen als höchste moralische Werte. Der Gegensatz von Egoismus und Altruismus ist vom Standpunkt des Genealogen her ein für die Erklärung der Herkunft moralischer Wertungen völlig untaugliches Begriffspaar. „Sittlich" meint zunächst nichts anderes als Gehorsam gegen ein Herkommen, ein Gesetz (*Menschliches, Allzumenschliches* I 96). Das Herkommen ist „eine höhere Autorität, welcher man gehorcht, nicht weil sie das uns *Nützliche* befiehlt, sondern weil sie *befiehlt.*" (*Morgenröthe* 9) Nietzsche will mithin die evolutionistischen, positivistischen und utilitaristischen Moralgenealogien durch eine Analyse von Herrschaftsmechanismen und Machtwirkungen ersetzen, sowie er die Soziologie insgesamt durch eine „Theorie der Herrschaftsgebilde" (KGW VIII/1, 5 [61]/212) ablösen will. Der Vorwurf, den „englischen Moral-Genealogen" gehe der „historische Geist" ab (*Zur Genealogie der Moral* I 2), heißt nichts anderes, als daß sie nach Sinn und Zweck fragen, wo reine Machtäußerungen vorliegen. Genau in diesem Punkt ist Nietzsches Genealogie für Foucaults Arbeit vorbildlich. Der Einfluß ist nirgends stärker als in *Überwachen und Strafen* – einem Buch, in dem von Nietzsche nicht die Rede ist.

Die zweite Abhandlung von Nietzsches Schrift *Zur Genealogie der Moral* ist wie Foucaults Gefängnis-Studie eine Ethnologie des Strafens. Das einzige Mittel, den Menschen zu zivilisieren und zu moralisieren ist, so Nietzsche, ihm ein Gedächtnis einzupflanzen; doch nur was schmerzt, bleibt im Gedächtnis haften. Ähnlich wie Foucault zu Beginn von *Überwachen und Strafen* beschreibt Nietzsche die grausamen Feste der Martern. Des Menschen höchste Werte wie Vernunft, Selbstbeherrschung und Moral sind bezahlt mit „Blut und Grausen", mit brutalsten Körperstrafen. Die Grundfrage dieser zweiten Abhandlung ist jene nach der Herkunft von Schuldbewußtsein und schlechtem Gewissen. Der Fehler der bisherigen Moralgenealogen ist laut Nietzsche, daß sie moderne Unterscheidungen wie jene zwischen absichtlichen und zufälligen Handlungen oder gar jene zwischen Freiheit und Unfreiheit des Willens in die Vergangenheit projizieren, anstatt den moralischen Begriff der Schuld auf den ökonomischen Begriff der Schulden zurückzuführen. Der Ursprung der Strafe ist der Zorn des Geschädigten; er kann in Schranken gehalten werden durch die Vorstellung, eigenes Leid habe ein Äquivalent im Leid, das dem Schädiger als

Strafe zugefügt wird. Bevorzugtes Objekt der Schuldzumessung ist der Leib des Gegners, womit sich die „Rückzahlung" letztlich auf den Genuß beschränkt, andere in ihrer Ohnmacht leiden zu sehen. Der Geschädigte nimmt an einem „Herren-Recht" teil, wenn er einen anderen Menschen verachten oder mißhandeln, bzw. verachtet oder mißhandelt sehen darf. Das Leiden eines Menschen kann demnach nur insofern ein Abbüßen seiner Verschuldung sein, als das Zufügen von Leid für die Zuschauer ein Fest darstellt (*Zur Genealogie der Moral* II 5,6). Umgekehrt nehmen die Rachegelüste eines Einzelnen oder eines Gemeinwesens in dem Maße ab, wie er oder es ohnehin reich und mächtig, sicher und selbstbewußt ist. Die Gerechtigkeit als die Überzeugung, alles habe seinen Preis und könne abgezahlt werden, hebt sich Nietzsche zufolge im Großmut der Mächtigen selbst auf.

Den Evolutionisten und Utilitaristen hält Nietzsche vor, daß sie Ursprung und Zweck der Strafe verwechseln. Für alle Historie gebe es keinen wichtigeren Satz als jenen, „daß alles Geschehen in der organischen Welt ein *Überwältigen, Herrwerden* und daß wiederum alles Überwältigen und Herrwerden ein Neu-Interpretieren, ein Zurechtmachen ist, bei dem der bisherige ‚Sinn' und ‚Zweck' nothwendig verdunkelt oder ganz ausgelöscht werden muß." (II 12) Diese Klarstellung ist wichtig auch für das Verständnis von Foucaults Genealogie. Moralische Werte und gesellschaftliche Institutionen entstehen gemäß der von Nietzsche und Foucault eingenommenen Perspektive nicht, weil sie einen Zweck erfüllen, weil sie nützlich sind; sie sind nichts anderes als Herrschaftsäußerungen und erst nachträglich wird ihnen eine Funktion zugeordnet. „Entwicklung" – Nietzsche setzt den Begriff in Anführungszeichen und unterstreicht damit seine Abneigung gegen evolutionistische Erklärungsmodelle – ist nicht die Ausgestaltung eines Organs oder einer sozialen Einrichtung mit dem Ziel des bestmöglichen Funktionierens, schon gar nicht ein gemäß ökonomischen Kriterien ideal verlaufender Progreß, sondern eine Aufeinanderfolge weitgehend zusammenhangsloser Überwältigungsprozesse und Widerstandsformen.

2. *Der „Wille zur Wahrheit" als politisches Problem*

Was für wunderliche Fragen hat uns der Wille zur Wahrheit nicht schon vorgelegt, konstatiert Nietzsche zu Beginn seiner Schrift *Jenseits von Gut und Böse.* Wäre es nicht an der Zeit, daß wir angesichts dieses Willens zur Wahrheit einmal mißtrauisch würden? Daß auch Foucault dieses Mißtrauen verspürt hat, bezeugt sein Interesse für die „Politik der Wahrheit". Die Zuordnung der Wahrheit zum Bereich des Politischen finden wir schon in seiner Antrittsvorlesung am „Collège de France" [– 1971 unter dem Titel *L'ordre du discours* erschienen –], mit der er einen Ausblick auf seine zukünftigen Projekte gegeben hat.

In jeder Gesellschaft – so eine der zentralen Thesen – stellt der Diskurs ein unberechenbares Ereignis, eine bedrohliche Kraft, eine materielle Gewalt dar. Die Produktion der Diskurse muß daher mittels gewisser Prozeduren kontrolliert und organisiert werden. Eine jener Prozeduren ist der Ausschluß. Zu den Ausschlußmaßnahmen gehört das Verbot, sei es in der Form der Tabuisierung bestimmter Inhalte, sei es in der Form der Ritualisierung der Sprechsituation, oder sei es in der Form der Beschränkung der Anzahl der Redeberechtigten. Weitere Ausschließungsprinzipien sieht Foucault in der Diskriminierung der Rede der Wahnsinnigen sowie in der Entgegensetzung von Wahrem und Falschem. Die Kontrolle der Diskurse mittels Ausschluß wird ergänzt durch andere Praktiken der Selektion. Zu denken ist an den Kommentar, der die Rangordnung zwischen Kreation und Wiederholung herstellt, an die Disziplinen, die Diskurse wohldefinierten Regelsystemen unterwerfen, schließlich an die Institutionen, die Wissen konservieren oder weitergeben.

Der Katalog von Kontrollmechanismen und -Instanzen, den Foucault aufstellt, dürfte in Anbetracht seiner früheren Forschungen nicht auf allzu große Verständnisschwierigkeiten stoßen – mit einer Ausnahme: Es wird die Frage auftauchen, inwiefern auch dem Willen zur Wahrheit eine diskriminierende Funktion zugeschrieben werden kann. Foucaults Argumentation zufolge hat die Rede noch im archaischen Griechenland unmittelbare Macht ausgeübt und die Wahrheit ist im Akt der Aussage selbst wirksam gewesen. Die Worte des Sophisten Gorgias erinnern daran: Die Rede sei eine mächtige Herrscherin. Tatsächlich markiert in Foucaults Augen Platons Triumph über die Sophisten ein Auseinandertreten von Diskurs und Wahrheit. Gewiß wäre es falsch, die Geschichte der Diskurskontrolle erst mit der Vertreibung der Sophisten in der Zeit der klassischen griechischen Philosophie einsetzen zu lassen, doch es scheint, daß in den damaligen Konflikten in der Philosophie gewisse Entscheidungen gefallen sind, die bis heute gelten. Unsere Gesellschaft hat – so lautet Foucaults Diagnose – Angst vor dem unkontrollierten Wuchern des Diskurses, es herrscht in ihr eine tiefe „Logophobie". Diese Angst vor einer Macht, die noch von den Sophisten gefeiert worden ist, schlägt sich in der Folgezeit in den vielfältigsten Versuchen nieder, den Diskurs zu bezähmen. Durch die Idee eines begründenden Subjekts, das der Sprache ihren Sinn verleiht, durch die Idee einer ursprünglichen Erfahrung, die der Diskurs in der Anstrengung sorgfältigen Lesens wiedergewinnen kann, sowie durch die Idee einer universellen Vermittlung, wonach der Diskurs die zum Logos gewordene Welt widerspiegelt, wird die Negation der Autonomie des Diskurses permanent reproduziert. Die Angst vor dem Diskurs läßt sich gemäß Foucault nur analysieren, wenn der Wille zur Wahrheit in Frage gestellt wird. Die Masse der gesagten Dinge verdient unsere ungeteilte Aufmerksamkeit und allen Systemen, die jene ordnen, selektionieren und hierarchisieren wollen, ist zu mißtrauen.

Aufgrund dieser methodologischen Präliminarien eröffnen sich für Foucault künftige Forschungswege, die er grob in eine „kritische" Analyse der Verknappungsprozesse und Kontrollinstanzen und in eine „genealogische" Analyse der Entstehung von Diskursen unterteilt, wobei sich praktisch beide Aufgaben kaum trennen lassen. Vergleichen wir die Inauguralvorlesung mit der *Archäologie des Wissens*, fällt zunächst eine Verschiebung der Perspektive von der diskursimmanenten zur gesellschaftlichen Ebene auf. Wichtiger ist wohl, daß Foucault Nietzsches Thema des Willens zur Wahrheit in die Geschichte der Humanwissenschaften eingeführt hat.

Die Frage nach der Herkunft des Willens zum Wissen mag zunächst unsinnig erscheinen, ist doch nichts evidenter als unser Wissensdrang. Zu Beginn des ersten Buches der *Metaphysik* führt Aristoteles aus, daß alle Menschen von Natur aus nach Wissen streben, da sie die Erkenntnis, zunächst in ihrer unmittelbarsten Form der visuellen Wahrnehmung, um ihrer selbst willen lieben. Die Wissenschaft, die um ihrer selbst willen erstrebt wird, ist höher zu bewerten als diejenige, die um ihrer Ergebnisse willen erstrebt wird. Erinnern wir auch daran, daß Aristoteles die philosophische Kontemplation als des Menschen höchstes Glück und als seine vollendete Autarkie bestimmt hat. All dies ist für Nietzsche nicht mehr selbstverständlich. Was ihn von Aristoteles trennt, ist nicht nur die neuzeitliche Verknüpfung von Erkennen und Beherrschen, sondern auch die Ahnung, daß die erkannte Welt die Menschen eher mit Entsetzen denn mit Befriedigung erfüllen wird. Diese Ahnung führt ihn allerdings keineswegs zu einem Verzicht auf den Willen zum Wissen; gerade das Fehlen eines „intellektualen Gewissens", den von keinen Zweifeln getrübten Glauben an das bisher für richtig Befundene, macht er seinen Zeitgenossen zum Vorwurf.

Erkenntnis assoziiert Nietsche eher mit Leiden denn mit Lust, mit verwegener Bosheit denn mit dem höchsten Gut, mit Verzweiflung und Selbstzerstörung denn mit Befriedigung. Was hingegen gemeinhin – im Alltag wie in der Wissenschaft – für Erkenntnis gehalten wird, ist für ihn ein Verkennen der Welt, das Bemühen, sich in ihr zurechtzufinden; es ist der Versuch, sich in einer feindlichen Welt wohnlich einzurichten und das Bedrohliche und Fremde zu ignorieren, letztlich also eine gewaltsame Aneignung der Welt, die es erlaubt, sich darin wiederzuerkennen.[4]

Wenn Nietzsche den Philosophen vorwirft, sie hätten den Willen zur Wahrheit bzw. den Wert der Wahrheit bisher nicht als Problem empfunden, so kritisiert er zunächst ihr Vorurteil, ihren Glauben an den Gegensatz zwischen einer interesselosen Wahrheit einerseits und den unreinen Täuschungsabsichten, die sich vom Begehren und von eigennützigen Überlegungen leiten lassen andererseits. Nach seiner Einschätzung beruht der philosophische Erkenntnisdrang auf herrschsüchtigen Trieben, der Wille zur Wahrheit ist ein Wille zur Macht. Gewiß läßt sich sagen, daß auch das aristotelische Ideal des Philosophen als eines Götterlieblings einen sublimen Willen zur Macht verrät. Doch Nietzsche geht in seiner Infragestellung des Willens zur Wahrheit noch einen Schritt weiter, wenn er die Idee des souveränen Erkenntnissubjekts – der angeblichen Quelle des Wissensdrangs – als falsche Evidenz entlarvt und die Tätigkeit des Denkens auf die determinierende Wirkung grammatischer Funktionen zurückführt (*Jenseits von Gut und Böse* 16,20). Hier ist das Leitmotiv von Foucaults Kritik der anthropologischen Episteme zu finden: Das Denken – lange Zeit als bewußter und schöpferischer Akt der Menschen verstanden – ist lediglich ein Effekt unbewußter Sprachstrukturen. Erinnern wir daran, daß Nietzsche den Ursprung der Sprache als Machtäußerung der Herrschenden fassen möchte (*Zur Genealogie der Moral* I 2), so fällt überdies der Unterschied zwischen der archäologischen und der genealogischen Perspektive auf. Trotz dieser Parallelen bleibt zwischen Foucault und Nietzsche eine wichtige Differenz bestehen: Nietzsche hat nie einen Biologismus überwunden, der den Willen zur Macht mit der unbeschwerten Gewalttätigkeit alles Lebendig-Natürlichen gleichsetzt, während Foucault den Willen zur Wahrheit nicht mit den Anforderungen der Lebensförderung und der Artzüchtung konfrontiert, sondern als gesellschaftliche Ausschlußmaschinerie in seinen historischen Gestalten untersuchen will.

Abschließend sollen die komplexen Beziehungen von Wahrheit und Macht noch von einer anderen Seite her betrachtet werden. Vergleicht man bestimmte Hypothesen Foucaults mit den Arbeiten von Althistorikern wie Jean-Pierre Vernant und Marcel Detienne, so zeigen sich überraschende Parallelen.[5] Detienne hat den Begriff „Herren der Wahrheit"[6] geprägt; er bezieht ihn auf drei soziale Gruppen im archaischen[7] Griechenland: die Dichter, die Seher und die Richter-Könige. Die Angehörigen dieser Gruppen sind in der Ausübung ihres Amtes auf das Erkennen der Wahrheit angewiesen, ein solches Erkennen ist aber nur möglich als Erinnerung, als Befreiung aus der Gegenwart. Bereits in den orientalischen und mykenischen Mythen ist die Erzählung von der Weltschöpfung eine Erinnerung an die Entstehung des Kosmos, also der Ordnung aus dem Chaos, und damit zugleich eine Mahnung, diese Ordnung stets zu respektieren, zu bewahren und wenn nötig wiederherzustellen. Herrschaft wird legitimiert, indem ihre Herkunft in den Anfang der Zeiten zurückversetzt wird: Der Fürst ist – wie noch in der homerischen Welt – ein Nachfahre der Götter. Machtausübung ist also auf die Fähigkeit des Erinnerns angewiesen, und eben diese Fähigkeit führt zur Wahrheit.[8] Im archaischen Griechenland ist somit „Wahrheit" – dies Detiennes These – stets an eine soziale Stellung geknüpft.

Wenn Wahrheit aber nicht das Abbild der kosmischen Ordnung, sondern das Instrument ihrer Verwirklichung ist, erklärt sich daraus auch die für unser Denken unvertraute Nähe zwischen den Begriffen der Wahrheit und der Überredung. So wenig klare Grenzen zwischen Wort und Tat, zwischen Sprache und Welt existieren, so wenig definiert sich die Wahrheit durch den Gegensatz zu einer in der Sprache wirksamen verführerischen Gewalttätigkeit: als Machtbekundung ist sie stets auch Überredung. Erst gegen Ende des archaischen Zeitalters macht sich ein gewisses Mißtrauen gegenüber der Sprache und den in ihr verborgenen Spielen der Täuschung und Verwirrung bemerkbar. In den Versammlungen gleichberechtigter Krieger und später in den Poleis wird die Sprache zum bevorzugten Instrument der sozialen Beziehungen und der öffentlichen Auseinandersetzungen. Gleichzeitig wird sie – da sie ja nicht mehr unmittelbarer Bestandteil der Ordnung der Welt ist – auf ihre Eignung, die Wirklichkeit erkennen und adäquat darstellen zu können, geprüft. Den Sophisten, die sich als politische Erzieher verstehen, ist die archaische Funktion der Sprache mit den ihr inhärenten Täuschungsabsichten noch nicht fremd geworden, lediglich befreien sie die Rede von ihrer engen Verbindung mit religiösen Ritualen. Umgekehrt besinnen sich die Anhänger der philosophisch-religiösen Sekten auf den sakralen Wert der

Wahrheit; Ziel ihrer Reflexion ist die Erinnerung an ein unbewegliches und zeitloses Sein. Die Zweideutigkeit – bisher ein Attribut der göttlichen Stimme und damit der Wahrheit – hat in ihrem Denken keinen Platz mehr. Die strikten Dualismen zwischen Doxa und Episteme, zwischen der Unwahrheit und der Wahrheit setzen sich durch.

Die privilegierteste Stellung im Übergang vom mythischen zum philosophischen Denken kommt Parmenides zu. Soll die Wahrheit trotz des tiefen Risses, der zwischen der Sprache und der Welt aufgebrochen ist, dem Denken weiterhin als zuverlässiger Maßstab dienen, ist sie auf ein stabiles Fundament angewiesen, auf die logische Folgerichtigkeit, die ihrerseits mit dem reinen, unveränderlichen Sein korrespondiert. Die Menschen können sich künftig zu den Göttern erheben, sofern sie die Gesetze des richtigen Denkens achten. Die göttliche Instanz, die Parmenides das Tor zum Licht öffnet, ist Dike, die Göttin der Gerechtigkeit. Auch wenn unter dem Prinzip der Gerechtigkeit nicht mehr ausschließlich die Ordnung der Welt zu verstehen ist, sondern zusätzlich die Denknotwendigkeit, darf vermutet werden, daß die Lehre vom reinen Sein und von der logisch zwingenden Wahrheit in Beziehung steht zum Bedürfnis nach einer immer und überall gültigen und verpflichtenden Gerechtigkeit. Dieses Bedürfnis entspricht dem Bemühen, der Verfassung der Polis nach einer Periode von Krisen und inneren Konflikten eine neue und unantastbare Legitimation zu verleihen.

Jean-Pierre Vernant hat sich bereits in den 50er Jahren die Frage gestellt, inwiefern das rationale Denken trotz aller Anleihen bei der Bilderwelt der Mythen, auf die der englische Altertumsforscher F. M. Cornford hingewiesen hat, eine Innovation darstellt. Die Antwort ist seiner Ansicht nach in der Zeit politischer Umwälzungen zu suchen, die von der Auflösung der Stammesmonarchien zur Etablierung der Poleis geführt haben. Es ist eine Zeit des Machtvakuums, in der die Plätze der Gesetzgeber, der „Wahrheitsträger", neu zu vergeben sind. Im mythischen Denken ist die Natur ebenso wie die menschliche Gemeinschaft der Herrschaft göttlicher Mächte unterworfen und es scheint, daß in der Frühzeit des rationalen Denkens die Ordnung der Natur und jene der Polis von den gleichen Gesetzen garantiert worden sind, wie das berühmte Anaximander-Fragment nahelegt. Die Gerechtigkeit, die Versöhnung, die Wiederherstellung einer zerstörten Ordnung sind die zentralen Themen des frühen philosophischen Denkens. Die vorsokratische Philosophie – so lautet Vernants These – ist in ihrem Beginn der Versuch, die durch den aufkommenden Handel bedrohte soziale Harmonie wiederherzustellen. Die Reflexion über die Gesetzmäßigkeit der Natur ist nur ein Nebeneffekt dieses Bemühens. Das rationale Denken ist kein Ergebnis des experimentellen Umgangs mit der Natur, sondern ein Instrument der Politik, eine Chance, auf das Verhalten der Menschen innerhalb der Polis Einfluß zu gewinnen. Die griechische Vernunft, so drückt es Vernant aus, ist eine Tochter der Polis (Vernant 1957/114,124).

Dieser kurze Exkurs erlaubt es vielleicht, jenem Problem, das Nietzsche wie Foucault so hartnäckig beschäftigt hat und das herzlich wenig mit dem ihnen unterstellten Entscheid für einen relativistischen Irrationalismus zu tun hat, auf die Spur zu kommen. Die abendländische Zivilisation bezieht die Gewißheit ihrer Überlegenheit über andere Kulturen aus der Überzeugung, die Vernunft selbst habe bei ihrer Geburt Pate gestanden.[9] Wenn jedoch diese Vernunft nichts weiter ist als das Verwaltungswissen einiger griechischer Stadtstaaten, kann sie dann überhaupt umfassend genug sein, um dem Verständnis unserer Welt als Grundlage zu dienen? Nietzsche jedenfalls hat die Herauslösung der griechischen Polisgesellschaft aus der Stammesgemeinschaft nicht als Triumph der Toleranz zu feiern vermocht. Die Einheit einer politischen Gemeinde beruht ihm zufolge auf ihrem Haß gegen das Fremde. Die Sophisten, die Nietzsche als seine Vorläufer bewundert, wissen um die Existenz anderer Völker und anderer Götter (KGW VIII/2, 11[375]/410). Das reaktionäre Unternehmen der platonischen Philosophie sieht er umgekehrt als Ausdruck einer Sehnsucht nach Autorität und eines Widerwillens „gegen das Geltenlassen eines *anderen Typus*". In Anbetracht des tatsächlichen Reichtums an Typen und Individuen sei die Menschenkenntnis der Griechen ziemlich zurückgeblieben gewesen, mutmaßt er. „*Alle ihre größten Kräfte wirkten hierin hemmend.* Dies ist *mein* Thema." (KGW VII/1, 8[15]/347f) Selbstverständlich ist die fehlende Menschenkenntnis der Griechen für Nietzsches Empfinden kein Einwand gegen sie; die moralisierende Intoleranz gegen den Typenreichtum hingegen ist ein Einwand gegen die platonische Philosophie und die von ihr sich herleitende abendländische Rationalität. Das „hellenische Wesen" sei erst noch zu erraten. Gewiß ist, daß unsere „schamlose" Menschenkenntnis und unsere „kleinlich-krämerische" Wissenschaft dessen Geschmack nicht entsprechen. Sehen wir zu, wie Foucault seinerseits diese Menschenkenntnis, die Humanwissenschaften, zum Gegenstand der Genealogie macht.

V. Macht – Körper – Leben. Eine Genealogie der Humanwissenschaften

1. Ein Blick auf die Geschichte der Strafpraktiken

Foucault hat sich im Rahmen seiner Lehrtätigkeit am „Collège de France" mit der Frage beschäftigt, ob Korrelationen zwischen einer politischen Ordnung und einem bestimmten Denkmodell, wie sie für die Zeit des Übergangs vom archaischen zum klassischen Griechenland entdeckt worden sind, nicht auch für andere Perioden hergestellt werden können. Das Thema der zweiten Vorlesungsreihe (vgl. ACF 72) ist das „Macht-Wissen", gemäß Foucaults Arbeitshypothese eine besondere Forschungsebene, auf der Erkenntnis und Gesellschaft sich gegenseitig bedingen. Wissen kann nach dieser Hypothese nur entstehen dank eines Systems von Kommunikation, Registrierung und Akkumulation, also dank Machtformen, während umgekehrt Macht nur ausgeübt werden kann mittels Aneignung und kontrollierter Verteilung von Wissen.

Im Semester 1972/73 befaßt sich Foucault mit der Strafgesellschaft. Das Projekt einer Geschichte des Gefängnisses nimmt hier bereits Gestalt an. Zwei Thesen aus der Vorlesung (vgl. ACF 73) scheinen den Zugang zu *Surveiller et punir* zu erleichtern. Foucault geht aus von der Frage, weshalb sich die Einsperrung seit dem Ende des 18. Jahrhunderts als generelle Bestrafungsart durchgesetzt hat, obwohl sie von zahlreichen reformwilligen Kritikern als völlig ungeeignete, weil die Kriminalität fördernde Einrichtung bezeichnet wird. Die Antwort darauf sieht er in der Tatsache, daß die zuständigen Fachleute und Gelehrten im Laufe des 19. Jahrhunderts immer mehr dazu neigen, das Verbrechen als Schicksalsfügung bzw. als anthropologische Konstante zu deuten. Die zweite These lautet: Das Strafsystem, das sich im Verlauf des 19. Jahrhunderts etabliert hat, ist nicht das Resultat einer veränderten sittlichen Wahrnehmung, vielmehr eines neuerwachten Interesses für den Körper bzw. für die körperliche Leistungskraft. Dieses Interesse ist eine Folge der veränderten Anforderungen, die an die Individuen als Produktivkräfte gestellt werden.

Surveiller et punir, Foucaults wohl populärstes Buch, erscheint 1975. Es beginnt mit der Gegenüberstellung von zwei „Straf-Stilen", der Hinrichtung von Damiens im Jahre 1757 und einem Gefängnisreglement aus dem Jahre 1838. Robert-François Damiens war wegen eines mißglückten Anschlags auf das Leben Ludwigs XV. verurteilt worden. Die Ausführung des Urteils gestaltete sich als öffentliche Zeremonie von äußerster physischer Grausamkeit. Von solcher Grausamkeit fehlt im Reglement von 1838 jedes Zeichen; hier handelt es sich um eine minuziöse Zeitplanung, die den Alltag der Gefangenen bis ins kleinste Detail regelt. Ein fortschrittsgläubiger Blick auf die Geschichte wird feststellen, daß im Übergang vom 18. zum 19. Jahrhundert auch im Bereich der Strafordnung das Prinzip der Menschlichkeit triumphiert. Ein solcher Eindruck macht aber eine Analyse der Transformationen nicht überflüssig.

Zwei Prozesse sind zu unterscheiden: Das allmähliche Verschwinden des öffentlichen Strafschauspiels und die Verlagerung der Vollzugspraxis in verborgenere Räume einerseits sowie die Lockerung des Zugriffs auf den Körper, die Ablösung unmittelbarer physischer Quälerei durch die Unterwerfung des Körpers unter die strengen Regeln des Freiheitsentzugs andererseits. Diese – zumindest scheinbare – Abwendung vom Körper legt den Gedanken nahe, daß künftig die Seele Adressat der Bestrafung ist. Seit 150 Jahren befinden die Richter – so Foucaults These – immer weniger über das vergangene Verbrechen, dafür um so mehr über die „Seele" des Täters, d. h. über dessen psychische Verfassung, über die bewußten oder unbewußten Tatmotive, über biographische Determinanten, über die moralische Qualität und die individuellen Besserungsaussichten; diesen Auftrag teilen sie mit anderen „Fachleuten", mit Beamten, Erziehern und psychiatrischen Sachverständigen. Die zunehmende Milde der Strafe wäre demzufolge der Nebeneffekt einer wichtigeren Veränderung: Der Strafbare muß nicht mehr Buße tun, er muß sich behandeln lassen.

Foucault bezeichnet als Thema seiner Untersuchung die Korrelationsgeschichte zwischen der „modernen Seele“ und der durch einen juristisch-administrativ-wissenschaftlichen Komplex abgestützten Strafgewalt. Er hält sich dabei an vier heuristische Prinzipien. Strafmechanismen sind nicht ausschließlich auf ihre repressiven Funktionen hin zu untersuchen, ihre wenn auch noch so unscheinbaren positiven Wirkungen sind zu berücksichtigen. Die Strafmethoden sind nicht durch Rechtsregeln und gesellschaftliche Strukturen determiniert, sie sind eigenständige Techniken im Feld der Gewaltverfahren. Die Geschichte des Strafrechts und jene der Humanwissenschaften sind nicht als getrennte Bereiche zu behandeln, da sie in einer gemeinsamen Matrix, auf der bereits genannten Ebene des Macht-Wissens ineinander verfließen. Die Einbeziehung wissenschaftlicher Erkenntnisse in die Gerichtspraxis ist möglich geworden dank einer neuen Besetzung des Körpers durch die Machtverhältnisse.

Aufgrund dieser vier Regeln zeichnet sich das Projekt einer „politischen Technologie“ bzw. einer „politischen Ökonomie des Körpers“ ab. Die „politische Besetzung des Körpers ist mittels komplexer und wechselseitiger Beziehungen an seine ökonomische Nutzung gebunden; zu einem Gutteil ist der Körper als Produktionskraft von Macht- und Herrschaftsbeziehungen besetzt; auf der anderen Seite ist seine Konstituierung als Arbeitskraft nur innerhalb eines Unterwerfungssystems möglich . . .“ (1975 a/37). Nicht die Ideologie oder die primitive Gewaltanwendung interessieren Foucault, sondern die unscheinbaren und verstreuten Mechanismen, die nur einer „Mikrophysik der Macht“ sichtbar sind.

Wir begegnen in diesem Kontext erstmals Foucaults Einwänden gegen die herkömmlichen Machttheorien. Macht ist seiner Auffassung nach weniger der Besitz oder das Privileg einer Personengruppe, einer Klasse, das Attribut einer staatlichen Institution, sondern eine Strategie, die die gesamte Gesellschaft durchzieht. Deshalb existieren für ihn keine sozialen Schichten, die von der Macht ausgeschlossen sind und die sie nur negativ, als Verpflichtung oder als Verbot erfahren. Eine weitere Konsequenz aus dem bisher Gesagten lautet: Es läßt sich kein Erkenntnissubjekt jenseits der Macht voraussetzen; Subjekt, Objekt und Modalität der Erkenntnis sind Effekte des Macht-Wissen-Komplexes.

In Anlehnung an Kantorowicz' Studie über den Körper des Königs in der mittelalterlichen politischen Theologie (1957) und die darin vorgenommene Unterscheidung zwischen dem physisch-realen und dem symbolischen Körper des Monarchen spricht Foucault von einer Verdoppelung des Körpers des Verurteilten durch eine Seele, die gleichsam als Relais zu verstehen ist, über das die Machtbeziehungen auf den Körper einwirken. Derart treffen sich die beiden Projekte einer Genealogie der Seele und einer Technologie des Körpers, und zwar in einer eigentümlichen Umkehrung der uralten abendländischen Übereinkunft, gemäß welcher der Körper das Grabmal oder das Gefängnis der Seele ist. In Foucaults Perspektive ist der Körper in der Seele eingekerkert. Es versteht sich, daß die Humanwissenschaften mit ihren Anstrengungen, diese Seele als Psyche, Subjektivität, Persönlichkeit, Bewußtsein oder Gewissen auf den Begriff zu bringen, so gut wie der Humanismus mit seinen moralischen Ansprüchen aufs neue in Frage gestellt werden.

Zusammengefaßt lauten die Ergebnisse und Thesen von Foucaults Studie: Vor der Französischen Revolution steht die peinliche Strafe oder die Marter im Zentrum der Strafpraxis. Sie muß Schmerzen erzeugen, und zwar in einem möglichst genau kalkulierbaren und vergleichbaren Ausmaß, das es erlaubt, für die Qualität des Verbrechens eine Entsprechung zu finden. Sie hat zudem rituellen Charakter: Dem Leib des Verurteilten wird – wie im Fall der Brandmarkung – ein unauslöschliches Zeichen eingegraben, während die Vollstreckung in aller Öffentlichkeit stattfindet, damit das Volk vom Triumph der Gerechtigkeit Kenntnis nehme. Mit der Öffentlichkeit der Bestrafung kontrastiert die selbst dem Angeklagten gegenüber geheime Durchführung des Gerichtsverfahrens. Die Wahrheitsfindung ist Sache der die Souveränität repräsentierenden Justizbehörde, die sich vornehmlich auf schriftliche Berichte abstützt, dabei allerdings strenge Regeln zu befolgen hat. Die Rolle des Angeklagten reduziert sich auf das Geständnis, zu dessen Herbeiführung auch die Folter erlaubt ist. Der Körper ist sowohl Zielscheibe der Züchtigung als auch Ort der Wahrheitserpressung. Diese zweifache Betroffenheit findet ihre Fortsetzung im Ritual der Bestrafung; der öffentlich zur Schau gestellte und gemarterte Leib muß leiden, um die Wahrheit der Anklage zu bezeugen. Im Akt der Bestrafung muß das Geständnis für die Anwesenden sichtbar wiederholt werden. Zuweilen wird die Hinrichtung selbst als theatralische Wiedergabe des Verbrechens inszeniert. Der Körper muß auch leiden um der Rache des Souveräns willen. Die Urteilsvollstreckung ist eine Wiederherstellung der verletzten Souveränität, die als machtvolle Demonstration über die Bühne gehen soll. Das Gesetz drückt den Willen des Herrschers, dessen Befolgung seine Kraft aus, weshalb die Übertretung des Gesetzes in jedem Fall eine Beleidigung seiner Person darstellt. Bedeutet der Königsmord als die Negation der höchsten väterlichen Autorität das absolute Verbrechen, so steckt schon in der geringsten Verfehlung eine Majestätsbeleidigung.

Das „Fest der Martern" ist nicht zuletzt deshalb unter Beschuß geraten, weil das Volk angesichts der gebotenen Schauspiele eine zu aktive und bisweilen unberechenbare Rolle gespielt hat. Nicht immer ist in seiner Anwesenheit der Respekt vor der Justiz und die Treue zum König zum Ausdruck gekommen, manchmal hat die Stimmung zugunsten des Verurteilten umgeschlagen. Das politische Ritual der Bestrafung, in welchem sich der beleidigte Souverän gleichsam mit seinem Herausforderer duelliert und ihn besiegt, verliert seine Wirkung, sobald das Publikum den Angeklagten zum Helden erhebt, erst recht, sobald es zum Aufruhr kommt.

In der zweiten Hälfte des 18. Jahrhunderts verbreitet sich unter dem Eindruck der Aufklärung der Protest gegen die maßlose Brutalität des Strafens und gegen die despotische Willkür, die sie widerspiegelt. Der Ruf nach Humanisierung hat aber nicht nur politische Motive, er ist auch vor dem Hintergrund einer Reihe von sozialen Wandlungen zu sehen. Die ökonomischen

Transformationen bewirken eine neue Bewertung und Definition von gesetzwidrigen Praktiken. In einer auf der Aneignung von Arbeitskraft und -produkten beruhenden Gesellschaft wird der Diebstahl zur häufigsten Form der Gesetzwidrigkeit. Im Laufe des 18. Jahrhunderts nehmen die Eigentumsdelikte im Vergleich mit den Gewaltverbrechen zu, während die Massenkriminalität der Aktivität von Außenseitergruppen weicht. Die Gesetzgebung gegen die Landstreicherei wird verschärft, die Justizpraxis gegen den Diebstahl strenger, der Polizeiapparat umfangreicher, die Kontrolle über den Gesellschaftskörper feiner und lückenloser. Zwischen diesen Prozessen und der Kritik der Reformer konstatiert Foucault eine strategische Übereinstimmung. Was den Reformern mißfällt, ist primär ein durch die monarchische Ordnung bedingter unökonomischer Umgang mit der Macht. Ausgangspunkt der Reform bilden weniger die politischen Motive der Aufklärer als die Unzufriedenheit von Justizbeamten. Gemäß ihrem Anliegen soll die Richtgewalt nicht länger von vielfältigen und zum Teil widersprüchlichen Privilegien abhängen, sondern die öffentliche Gewalt soll gleichmäßig zur Wirkung gebracht werden. Der gemilderten Strenge entspricht eine größere Universalität und Notwendigkeit des Strafens.

Einer ganzen Reihe von Reformprojekten liegt das Vertragsmodell zugrunde: Gegen das als Vertragsbruch taxierte individuelle Vergehen wird die gesamte Gesellschaft als geschädigte Partei mobilisiert;[1] sie muß sich gegen ihren Feind zur Wehr setzen. Der Vertragsbrüchige gilt als asoziales Monster und wird später als Anormaler das Interesse der Humanwissenschaften finden. Doch die Strafe trägt nicht mehr die Zeichen der Rache, sie dient präventiven Zwecken, sie soll verhindern, daß der Gesellschaft weiterer Schaden zugefügt wird. Nicht mehr der Körper soll vernichtet, sondern die Seele gezüchtet, die Vorstellungen sensibilisiert werden, wozu eine größtmögliche Spezifizierung der Strafe nötig ist. Die Bestrafung muß der Natur des Vorgehens so genau wie möglich entsprechen. Als Zeichen der Abschreckung, als Element einer ,,verständigen Ästhetik", muß sie der Idee der Untat die Anziehungskraft nehmen. In den Augen der Nicht- bzw. nur potentiell Schuldigen soll sie überdies als Reparation erscheinen: Der Verurteilte wird vorübergehend zum nutzbringenden Eigentum der Gesellschaft. Das Ritual des Strafens ist nicht mehr die mit Bildern des Entsetzens operierende Wiederherstellung der Souveränität, sondern eine Inszenierung der Moral, anläßlich welcher die Gesetze selbst lesbar werden; eher eine öffentliche Belehrung denn ein Fest. Im blühenden Erfindungsreichtum der Reformer nimmt das Gefängnis eine untergeordnete Rolle ein, zu stark ist es als Instrument königlicher Willkür in Verruf geraten.

Doch die Realität hat mit diesen von aufklärerischen Utopien geprägten Vorstellungen wenig zu tun. Zu Beginn des 19. Jahrhunderts ist die Haft zur allgemeinsten Form der Züchtigung geworden. An die Stelle der öffentlichen Rachemanifestation des Herrschers, an die Stelle des moralischen Straftheaters der Reformer, ist eine „große, geschlossene, komplexe und hierarchisierte Architektur getreten, die sich in den Körper des Staatsapparates integriert." (1975a/149) Die Praxis, mittels einer Kombination von Einsperrung und Zwangsarbeit den Müßiggang zu bekämpfen und den homo oeconomicus zu restituieren, geht auf das 17. Jahrhundert zurück. Die autoritäre Arbeitspädagogik wird durch Isolation und gezielte Seelenmanipulation ergänzt. Die regelmäßige Überwachung und Umformung des Verhaltens trägt zur frühen Akkumulation eines Wissens von den Individuen bei, das weniger am Verbrechen selbst als an Charakterstudien interessiert ist. Während es den Reformjuristen um die Konstitution von Rechtssubjekten gegangen ist, die sich ihrer Verantwortung gegenüber der Gesellschaft bewußt sind und ihre Schuld durch die Art ihrer Bestrafung der Umgebung fortwährend in Erinnerung rufen, ist der Zweck der Besserungsanstalten die Konstitution von Gehorsamssubjekten, die Anwendung von Dressurmethoden, mit denen Verhaltensgewohnheiten eingeübt werden. Im ersten Fall zielt die Strafe auf die Vorstellungen, im zweiten auf den Körper. Diese Arbeit am straffälligen Individuum ist den Blicken der Öffentlichkeit entzogen und beruht auf der Autonomie der Vollzugsinstanzen.

Weshalb hat sich die Kerkerinstitution als Strafmodell gegenüber den zwei konkurrierenden Machttechnologien, der absolutistischen und der aufklärerischen, durchgesetzt? Die Beantwortung dieser Frage nimmt in Foucaults Buch breiten Raum ein. Er betrachtet das Gefängnis nicht bloß als Ort der Buße, sondern als Laboratorium, in welchem die Verfügbarkeit menschlicher Körper, die Manipulierbarkeit menschlichen Verhaltens erprobt wird. Auf diese Disziplinierung der Menschen konzentriert sich die Aufmerksamkeit im Mittelteil des Buches. „Der historische Augenblick der Disziplinen ist der Augenblick, in dem eine Kunst des menschlichen Körpers das Licht der Welt erblickt, die nicht nur die Vermehrung seiner Fähigkeiten und auch nicht bloß die Vertiefung seiner Unterwerfung im Auge hat, sondern die Schaffung eines Verhältnisses, das in einem einzigen Mechanismus den Körper um so gefügiger macht, je nützlicher er ist, und umgekehrt (...) Die Disziplin steigert die Kräfte des Körpers (um die ökonomische Nützlichkeit zu erhöhen) und schwächt diese selben Kräfte (um sie politisch fügsam zu machen)." (1975 a/176 f)

Im Gegensatz zu älteren Herrschaftsformen konzentrieren sich die Disziplinen ganz auf die Kleinigkeiten des Alltags. Die Produktion der gelehrigen Körper stützt sich auf eine Anzahl von Maßnahmen, dank welcher die Menschen räumlich verteilt, ihre Tätigkeiten kontrolliert, ihre Fähigkeiten trainiert und ihre Kräfte als Ganzes organisiert werden. Ein Mittel zur Verteilung der Individuen im Raum ist die Einschließung – in Klöstern, Schulen, Kasernen oder Fabriken. Wirksamer als die Einschließung ist die Parzellierung der Individuen. Wird jedem Individuum sein Platz angewiesen, fällt die Kontrolle der Bevölkerung leichter. Die Architektur einer Fabrik beispielsweise verteilt jedoch nicht nur die Individuen auf ihre Plätze, sie verbindet überdies jeden Platz mit einer bestimmten Arbeitsfunktion. Gemäß einem verwandten Prinzip wird die Lernbereitschaft einer Schulklasse mit Hilfe einer strengen Rangordnung gefördert. Die Kontrolle der Tätigkeiten spielt sich weniger im Raum als in der Zeit ab. Im Kloster wie in der Armee, in der Schule wie in der Fabrik nimmt die Zeitplanung eine wichtige Rolle

Abb. 2: Foucault bei den Dreharbeiten zum Film „Moi, Pierre Rivière ..." (René Allio/DR) „Wir leben in der Gesellschaft des Richter-Professors, des Richter-Arztes, des Richter-Pädagogen, des Richter-Sozialarbeiters; sie alle arbeiten für das Reich des Normativen." (Überwachen und Strafen, S. 392f)

ein. Dabei handelt es sich nicht bloß um die Einübung von Rhythmen, sondern auch um die Zerlegung jeder einzelnen Tätigkeit in kleinste Zeiteinheiten sowie um die Zusammenschaltung von Körper und Geste. Der Körper soll zusätzlich mit dem jeweiligen Objekt – Waffe oder Arbeitsinstrument – in den größtmöglichen Einklang gebracht werden. Schließlich wird erstrebt, in der Organisation der Bewegungen jeden Müßiggang auszuschalten. Die Organisation von Entwicklungen stellt eine weitere Disziplinarmaßnahme dar, die die Ausbildung beherrscht; das stete Einüben erlernter Fähigkeiten bewirkt eine fortschreitende Unterwerfung. Der Mensch als Maschine ist einerseits zusammengesetzt aus nutzbaren Kräften, andererseits ist er selbst Element eines übergeordneten Apparates wie einer Armee oder einer Fabrik, der seinerseits funktionstüchtig werden muß, was wiederum ein präzises Kommandosystem erfordert.

Die Herrschaft der Disziplinen, wie sie sich zuerst in der Armee durchsetzt, verwandelt in Foucaults Augen die Gestalt der Gesellschaft in grundlegender Weise; sie wird zur Garantin der inneren Ordnung. Die Militärs und die Techniker der Disziplin haben zur Vorstellung eines neuen Gesellschaftsmodells vielleicht mehr beigetragen als die Philosophen und Rechtstheoretiker des 18. Jahrhunderts.

Das moderne Individuum ist für Foucault das Produkt einer Machttechnik, für die es sowohl Objekt wie auch Instrument ist. Diese Technik, dieses „Mittel der guten Abrichtung", ermöglicht die totale und hierarchisch gegliederte Überwachung und ist dabei vor allem auf eine Architektur angewiesen, welche keine Schlupfwinkel kennt und die Untertanen für immer ans Licht bringt. Foucaults Machtbegriff wird übrigens im Bild des Beziehungsnetzes, in welchem alle als überwachte Überwacher ihren Platz einnehmen, gut faßbar; die Macht ist nicht lokalisierbar in der Funktion des Führers. Eine weitere Aufgabe der genannten Technik ist die normierende Sanktion: Die Individuen werden bei ihrer Arbeit fortwährend korrigiert, bestraft oder belohnt; sie werden darauf abgerichtet, jede Abweichung von der Regel, vom normalen Verhalten als Fehler zu empfinden. Die Norm etabliert sich als ein neuer Typus der Macht. Überwachung und Normalisierung werden im Verfahren der Prüfung kombiniert. Die Prüfung erhebt die Objekte der Macht zu Subjekten, die durch ihr Verhalten in positiver Weise den Erfolg ihrer Abrichtung demonstrieren; zugleich stellt sie ein ausgedehntes Wissen über das Individuum zur Verfügung, womit ihr eine wichtige Funktion in der Genealogie der Humanwissenschaften zukommt. „Die Geburt der Wissenschaften vom Menschen hat sich wohl in jenen ruhmlosen Archiven zugetragen, in denen das moderne System der Zwänge gegen die Körper, die Gesten, die Verhaltensweisen erarbeitet worden ist." (1975a/246) In den Identifikations- und Klassifikationsprozeduren der Justiz, der Polizei, der Medizin und der Psychiatrie erkennt Foucault den Geburtsort des Individuums der bürgerlichen Gesellschaft, des berechenbaren Menschen. Dieses Individuum hat gar nichts mehr gemein mit der starken und bewunderten Individualität des Fürsten oder des Helden; es ist der unbedeutende Untertan, der mitsamt seinen kleinen Abweichungen die pausenlose Neugierde einer gesichtslosen Macht erweckt.

Die perfekteste Vorstellung der Disziplinarmacht gibt Benthams Modell vom Panopticon. In dessen Architektur ist die Macht unsichtbar und entindividualisiert, während im Hinblick auf ihre Schützlinge eine vollkommene Transparenz gewährleistet ist. Es handelt sich beim Panopticon zunächst um ein architektonisches Muster: Einzelzellen sind kreisförmig um einen Beobachtungsturm angeordnet, von dem aus der Tagesablauf jedes einzelnen Häftlings überwacht werden kann. Bentham hat nicht ausschließlich an Gefängnisse gedacht, sondern auch an Schulen, Spitäler, Irrenanstalten, Fabriken, Armen- und Arbeitshäuser, an jede Art von Gebäuden, in denen Personen „are to be kept under Inspection", wie es im Originaltitel der 1787 verfaßten Schrift heißt. Der panoptische Mechanismus läßt sich vielseitig einsetzen, wo es um kontrollierende Machtausübung oder um die Steigerung ökonomischer Kräfte geht.

Daß die zentralisierte Polizeigewalt in Frankreich die Revolution überlebt hat, obwohl sie ein Produkt der absolutistischen Monarchie ist, hängt laut Foucault damit zusammen, daß sie im Laufe der Zeit zu einem feinmaschigen Informationsnetz wird, das den gesamten Gesellschaftskörper überzieht und von einer weitgehenden Autonomie gegenüber der Justizgewalt lebt. Die Polizei ist „kraft ihrer Reichweite und ihrer Mechanismen viel besser und viel enger als die Justiz ein Herz und eine Seele – oder vielmehr ein Körper – mit der Disziplinargesellschaft". (1975a/276) Dies ist die grundlegende politische Kritik, die in Foucaults Analyse impliziert ist. Die Unterwerfung der Körper bildet nämlich für ihn den Unterbau der repräsentativen Demokratie und setzt die demokratischen Freiheiten tendenziell außer Kraft. „... wenn das allgemeingültige Rechtssystem der modernen Gesellschaft den Machtausübungen Grenzen zu setzen scheint, so hält doch ihr allgegenwärtiger Panoptismus im Gegensatz zum Recht eine sowohl unabsehbare wie unscheinbare Maschinerie in Gang, welche die Asymmetrie der Mächte unterstützt, verstärkt, vervielfältigt und die ihr gezogenen Grenzen unterläuft." (1975a/286)

Als universelles Strafmittel setzt sich das Gefängnis laut Foucault erst zu Beginn des 19. Jahrhunderts durch; vielleicht, weil es als Entzug der Freiheit, eines allen in gleichem Maße gehörenden Gutes, den egalitären Überzeugungen schmeichelt und zugleich mit ökonomischen Kriterien in Einklang zu bringen ist. Überdies ist es gleichsam eine Schule, die die Schlechtgeratenen im Interesse der Gemeinschaft umformt, und dies – im Gegensatz zu den übrigen Disziplinarinstitutionen – mittels totaler Verfügungsgewalt über die Betroffenen. Durch den Auftrag der moralisch-ökonomischen Besserung legitimiert, unterwirft das Gefängnis seine Insassen der Isolation und dem Arbeitszwang. Damit es nach Maßgabe individuellen Verhaltens Ablauf und Zeit der Strafe mittels kleiner Belohnungen und zusätzlicher Bestrafungen korrigieren kann, pocht es gegenüber den Gerichtsinstanzen auf eine relative Autonomie. Der Vollzugsapparat beschäftigt sich nicht wie die Justiz mit dem Rechtsbrecher, sondern mit dem Delinquenten, der einen Typ von Anomalie und sozialer Bedrohung repräsentiert. In diesem Kontext formuliert Foucault seine politisch folgenschwerste Kritik: Er behauptet, daß das Gefängnis Kriminalität erzeugt. Seit jeher sind die Rehabilitations- und Wiedereingliederungschancen des polizeilich überwachten und sozial diskriminierten Entlassenen gering gewesen. Doch nur auf den ersten Blick handelt es sich dabei für Foucault um die Niederlage der Gefängnis-Idee. In über hundert Jahren haben sich die Vorstellungen von der Funktion der Besserungshaft kaum gewandelt, und die Reformvorschläge folgen nach wie vor den gleichen Prinzipien. Es stellt sich die Frage, ob nicht der permanente Mißerfolg bezüglich der Eindämmung der Kriminalität auf einer anderen Ebene einem Erfolg gleichkommt.

Die Frage hängt aufs engste zusammen mit der Dynamik der Klassenkämpfe in der ersten Hälfte des letzten Jahrhunderts, mit dem Widerstand gegen die Industrialisierung und gegen die politische Herrschaft des Bürgertums. Der Widerstand hat damals seinen Ausdruck primär in einer breiten Gesetzwidrigkeit der sozialen Unterschichten gefunden. Für die Bourgeoisie stellen diese Gesetzwidrigkeiten einen barbarischen Ansturm auf die von ihr gehütete Festung der Moral und der Zivilisation dar. Einige Straftheoretiker gehen soweit, die Unterschichten zum natürlichen Entstehungsort des Verbrechens zu erklären. Die Delinquenz ist in Foucaults Augen eine strategische Antwort auf diese Bedrohungen, nämlich eine von den Herrschenden unter Kontrolle gehaltene und eben deshalb auch ausbeutbare und manipulierbare Gesetzwidrigkeit, die als Waffe zur Überwachung und Spaltung der revoltierenden Klassen dient. Gefängnis, Polizei und Delinquenz bilden zusammen einen komplexen Apparat, von dem her illegale, aber politisch oder ökonomisch gewinnbringende Praktiken koordiniert werden. Foucault verweist auf die Bereiche der Prostitution oder des Waffenhandels, in jüngerer Zeit wäre vor allem der Drogenhandel zu nennen. Erinnert sei insbesondere an die Rolle der Delinquenz für den Aufbau von Spitzel- und Streikbrecher-Organisationen unter der Herrschaft Napoleons III.

Komplementär zu diesen Strategien werden die Aktionen und Assoziationsversuche der Arbeiterbewegung kriminalisiert. So erstaunt es nicht, wenn gerade aus dieser Richtung – speziell von seiten der Anarchisten und der Anhänger Fouriers – dem philanthropischen und tendenziell rassistischen Diskurs eine politische Analyse der Kriminalität entgegengehalten wird, die die Gesetzwidrigkeit mit der ökonomischen Situation und der Machtverteilung in Beziehung bringt und die Disziplinierungsfunktion des Strafsystems aufdeckt. Es ist denn auch die fourieristische Zeitung *Phalange*, die 1836 bereits über die heimlichen Phantasien einer perfekt geordneten Gesellschaft höhnt und damit eine Ahnung von der neuen Spielart der Macht verrät, der Foucault auf die Spur kommen will: Einer dezentralisierten und anonymen, in steten Experimenten und Kämpfen sich entfaltenden Macht, die weder mit dem Körper des Königs noch mit dem im Vertrag festgehaltenen Volkswillen identisch ist.

Vergleicht man *Surveiller et punir* mit dem früheren Projekt einer *Archäologie der Humanwissenschaften*, dann fallen zwei Verschiebungen auf. Nicht mehr die Kenntnis dominierender Regelsysteme erlaubt das Verständnis der Geschichte der Humanwissenschaften; die Priorität wird jetzt der Praxis eingeräumt, einer Praxis, in der das Gesellschaftliche und das Diskursive nicht mehr zu trennen sind. Der Übergang zur Praxis bedingt den Verzicht auf den bisherigen Erkenntnisanspruch, gemäß welchem eine Erkenntnis als gesichert gelten kann, sobald die das Wissen determinierende Struktur erkannt ist. Foucault ist sich darüber klar geworden, daß er als Beobachter selbst in die Machtkämpfe impliziert ist, die er beschreibt. Nicht mehr die theoretischen Aporien, auf denen die Humanwissenschaften gründen, bilden jetzt den Einwand gegen sie, sondern ihre Disziplinierungs- und Normalisierungsfunktionen.

Für die politisch engagierte und theoretisch verunsicherte Linke Frankreichs wie später auch anderer Länder ist Foucaults Geschichte des Gefängnissystems zweifellos ein richtungsweisendes Werk gewesen, da sie – ähnlich wie Marx' Analyse der Produktionssphäre – eine demokratische Gesellschaft mit ihrem undemokratischen Unterbau konfrontiert. Zahlreiche Zeitschriften der Neuen Linken haben dem Buch interessierte Kommentare gewidmet. In den Reihen der Historiker hat es kritische Einwände ausgelöst und produktive Weiterführungen zur Folge gehabt; das dokumentiert der 1980 von Michelle Perrot unter dem Titel *L'impossible prison* herausgegebene Sammelband. Ernsthafte Bedenken werden zur Hauptsache gegen Foucaults tendenziell mechanistische Erklärungsmodelle vorgebracht, bei denen nicht klar wird, ob eine Maschinerie beschrieben oder eine Machination aufgedeckt wird, ob soziale Gruppen allenfalls als bewußte Akteure an dieser Machination teilhaben. Foucault antwortet auf entsprechende Einwände scheinbar mit einem Rückzug. Daß die Macht durch den Antrieb eines verborgenen Mechanismus funktioniere, sei nicht die These seines Buches gewesen. Vielmehr seien solche Modelle im 18. Jahrhundert in den Köpfen der Sozialplaner herumgegeistert; deren Ideen seien Gegenstand seiner Analyse gewesen (vgl. 1980/37). Doch dieser „Rückzug" ist zweideutig. Foucault weist die Auffassung zurück, eine einzige, mit der Gesamtgesellschaft identische Realität sei das Erkenntnisobjekt, das es in seiner Totalität zu rekonstruieren gelte. Er arbeite mit „Realitäts-Fragmenten"; sein Objekt sei das Experimentierfeld sozialer Strategien, in dem auch utopische Programme handfeste Auswirkungen hätten. Damit hält er allerdings den Anspruch aufrecht, die verborgene Realität der Macht aufgedeckt zu haben.

2. *Sexualität und Politik*

1976 erscheint der erste Band einer *Histoire de la sexualité* unter dem Titel *La volonté de savoir.* Es muß vorausgeschickt werden, daß mit diesem Band erst der Rahmen abgesteckt wird für eine großangelegte Geschichte der Sexualität, die in der projektierten Form nie zustandegekommen ist. Methodologische Vorbemerkungen werden ergänzt durch die Foucault eigentümliche Polemik gegen falsche „Evidenzen". Thema der Untersuchung ist nicht eine Kulturgeschichte sexueller Gewohnheiten, sondern die Frage, wie diese Verhaltensweisen zu Wissensobjekten geworden sind und auf welche Weise die Produktion von Diskursen an Institutionen und Mechanismen der Macht gebunden ist.

Gemäß einer verbreiteten Überzeugung wird die Sexualität seit dem Aufkommen kapitalistischer Produktionsformen in Europa zunehmend unterdrückt und mittels sprachlicher Zensur verdrängt. Der schamhafte und repressive Puritanismus des viktorianischen Zeitalters gilt als typisches Merkmal der bürgerlichen Herrschaft, während umgekehrt die Befreiung und Enttabuisierung der Sexualität den Weg der Revolution vorzeichnet. Gemäß Foucault handelt es sich bei dieser Überzeugung um eine verdächtige Selbsttäuschung; es gehe darum, „den Fall einer Gesellschaft zu prüfen, die seit mehr als einem Jahrhundert lautstark ihre Heuchelei geißelt, redselig von ihrem eigenen Schweigen spricht und leidenschaftlich und detailliert beschreibt, was sie nicht sagt, die genau die Mächte denunziert, die sie ausübt, und sich von den Gesetzen zu befreien verspricht, denen sie ihr Funktionieren verdankt." (1976 a/18) Die Repressionshypothese[2] konfrontiert Foucault mit drei Einwänden. Historisch wäre zu untersuchen, ob die Sexualität[3] tatsächlich seit dem 17. Jahrhundert unterdrückt wird. Theoretisch ergibt sich daraus die Frage, ob Zensur und Repression die hauptsächlichen Formen der in unserer Gesellschaft wirksamen Mechanismen der Macht sind. Politisch relevant ist schließlich die Frage, ob der kritische Diskurs gegen die Unterdrückung das Funktionieren der Macht zu stören vermag oder nicht eher ergänzt.

Ein Blick auf die letzten drei Jahrhunderte legt neben einer unbestreitbaren „Säuberung" des Vokabulars und einer verschärften Kontrolle der Umgangsformen eine „diskursive Explosion", eine erhöhte Aufmerksamkeit für sexuelle Dinge an den Tag. Bereits in der katholischen Beichte wird das Fleisch zur Wurzel aller Sünden erklärt und gleichzeitig der Beichtende dazu angehalten, über die geringsten Regungen des Begehrens sorgfältig Auskunft zu geben. Erstaunlicherweise findet diese christliche Taktik der Seelenführung ihre Entsprechung in den Bekenntnissen jener Libertins, die über ihre sexuellen Aktivitäten ein gewissenhaftes Protokoll abgefaßt haben. Der europäische Mensch ist demnach seit drei Jahrhunderten an den Imperativ gebunden, alles zur Sprache zu bringen, was sein Sexualleben betrifft. „... man muß vom Sex sprechen wie von einer Sache, die man nicht einfach zu verurteilen oder zu tolerieren, sondern vielmehr zu verwalten und in Nützlichkeitssysteme einzufügen hat, einer Sache, die man zum größtmöglichen Nutzen aller regeln und optimal funktionieren lassen muß (...) Der Sex wird im 18. Jahrhundert zu einer Angelegenheit der ‚Polizei'. Allerdings im vollen und starken Sinne, den das Wort zu dieser Zeit besaß – nicht Unterdrückung der Unordnung, sondern verordnete Steigerung der kollektiven und individuellen Kräfte." (1976a/36f)

Doch was erklärt das politische Interesse an der Sexualität? Zur Beantwortung der Frage weist Foucault unter anderem darauf hin, daß die Bevölkerung im 18. Jahrhundert Gegenstand ökonomisch-verwaltungstechnischer Bemühungen wird. Sie ist administrativ meßbar und erfaßbar aufgrund von Daten zu Geburt und Tod, Lebensdauer und Gesundheit, Ernährung und

Wohnlage, Fruchtbarkeit und Arbeitsfähigkeit. All diese Variablen, die dort angesiedelt sind, wo sich Biologie und Ökonomie überschneiden, stehen mit den sexuellen Verhaltensweisen in einem Zusammenhang, so daß deren Beobachtung den Regierungen ein ziemlich umfangreiches Wissen über die Bevölkerungsbewegungen an die Hand gibt. Die institutionalisierte Geständnispflicht, die sich nicht mehr auf die kirchliche Beichte beschränkt, dient gemäß Foucaults Perspektive nicht der Unterdrückung bestimmter sexueller Praktiken, sondern der Akkumulation strategisch nutzbringender Kenntnisse.

Nach einer ebenfalls verbreiteten Ansicht wird seit dem 18. Jahrhundert eine normale Sexualität in Ehe und Familie geduldet, während gleichzeitig die „perversen“, d. h. unfruchtbaren Aktivitäten zum Objekt der Überwachung und des Verbots werden. Auch diesbezüglich schlägt Foucault eine Korrektur vor. Die kindliche Onanie beispielsweise wird zum Anlaß, um das Kind herum einen Kontrollapparat zu errichten. Die bürgerliche Gesellschaft ist laut Foucault pervers, nicht weil sie ein widernatürliches Verhältnis zur Sexualität hätte, das die Entfaltung von Perversionen provozieren würde, sondern weil sie auf die „Perversionen“, auf die endlose Vermehrung sexueller Verhaltenstypen als Korrelate bestimmter Machtprozeduren angewiesen ist.

Foucault versteht seine Geschichte der Sexualität als Beitrag zu einer Geschichte der allgemeinen Formationsbedingungen der bürgerlichen Gesellschaft. Der Geständniszwang gehört seiner Überzeugung nach zu jenem „ungeheuren Werk“, „zu dem das Abendland Generationen gebeugt hat, während andere Formen von Arbeit die Akkumulation des Kapitals bewerkstelligten: die Subjektivierung der Menschen, das heißt ihre Konstituierung als Untertanen/Subjekte.“ (1976a/78)[4] Die christlichen Beicht- und Bußübungen stehen am Anfang dieses Prozesses; was sie mit späteren Formen des Geständnisses verbindet, ist die Tatsache, daß nichts so sehr berufen scheint, die Wahrheit über das Individuum ans Licht zu bringen, wie seine sexuellen Gewohnheiten. Dank der Integration verschiedener Geständnisverfahren haben Wissenschaften wie die Pädagogik, die

Medizin und die Psychiatrie im 19. Jahrhundert damit begonnen, die Bekenntnisse zu sammeln und Register der sexuellen Lüste anzulegen. Die Sexualität ist für Foucault lediglich das Korrelat dieser wissenschaftlichen Anstrengungen. Sie ist mithin vor allem deshalb von Interesse, weil ihr Studium es erlaubt, die politische Geschichte eines Willens zum Wissen zu verfolgen. Wiederum ist es Diderot – diesmal als Autor der *Bijoux indiscrets,* jenes Märchens über die vorwitzigen und redseligen Geschlechtsorgane –, den Foucault als Zeugen zur Bestätigung seiner These anruft: Die Lust zu Wissen hat in unserer Gesellschaft die übrigen Lüste in den Schatten gestellt, so daß die Frage angebracht ist, was denn das Wissen so begehrenswert erscheinen läßt.

Möglichen Einwänden gegen die von ihm vorgebrachten endlosen Angriffe auf die Repressionstheoretiker begegnet Foucault mit einer erneuten Kehrtwendung. Nicht die Widerlegung der Repressionshypothese, sondern jene der ,,juridischen Konzeption der Macht" sei sein vordringlichstes Anliegen. Das Gesetz hat sich – so seine These – als grundlegende Instanz der Macht mit dem Sieg der Monarchie über die Vielfalt der feudalen Gewalten durchgesetzt, doch schon mit dem Triumph der modernen Verfassungsstaaten bzw. trotz dieses scheinbaren Sieges des reinen Rechtssystems hat es seine beherrschende Stellung verloren. Ausnahmsweise läßt Foucault durchblicken, daß auch er noch dem Erbe der Französischen Revolution verpflichtet ist. ,,Im politischen Denken und in der politischen Analyse ist der Kopf des Königs noch immer nicht gerollt. Daher rührt die Bedeutung, die man in der Theorie der Macht immer noch dem Problem des Rechts und der Gewalt beimißt, dem Problem des Gesetzes und der Gesetzwidrigkeit, des Willens und der Freiheit und vor allem dem Problem des Staates und der Souveränität." (1976a/110f)

Die von Foucault vorgeschlagene Analytik der Macht soll deren Produktivität, Erfindungsreichtum und Omnipräsenz sichtbar machen. Ansatzpunkt ist nicht die Gewalt von Regierungen oder die Herrschaft von Klassen, sondern die Vielfalt von Kräfteverhältnissen. Postuliert wird ein Nominalismus:

„Die Macht ist der Name, den man einer komplexen strategischen Situation in einer Gesellschaft gibt." (1976a/114) Positiv läßt sich sagen, daß die Macht erkennbar ist aufgrund von kalkulierbaren Auswirkungen. Doch verweisen diese Zielsetzungen wiederum nicht auf ein individuelles oder kollektives Subjekt, sondern auf eine Rationalität, die aus anonymen Strategien resultiert. Will man den „strikt relationalen Charakter der Machtverhältnisse" nicht verkennen, so darf man sich den Widerstand nicht außerhalb der Machtbeziehungen als Ort der großen Weigerung vorstellen, sondern als deren notwendige Ergänzung.

Laut Foucault sind seit dem 18. Jahrhundert vier strategische Komplexe in einem Sexualitätspositiv zusammengefaßt: die Hysterisierung des weiblichen Körpers, die Pädagogisierung des kindlichen Sexes, die Sozialisierung des Fortpflanzungsverhaltens und die Psychiatrisierung der perversen Lust. Diese Strategien sind fixiert auf die Familie als Ort einer kontrollierten und fortwährend begutachteten Produktion der Sexualität. Dabei ist zu präzisieren, daß von der bürgerlichen Familie die Rede ist. Daß eine so verstandene „Sexualität" bürgerlicher Herkunft ist und ihre historischen Möglichkeitsbedingungen nur in den politischen und ökonomischen Sorgen der Bourgeoisie findet, ist die zentrale These von Foucaults Buch. Die „Technologien des Sexes", die sich im 18. Jahrhundert durchgesetzt haben, orientieren sich nicht wie die christliche Seelsorge an den Ideen der Sünde, des Todes und der ewigen Strafe, sondern an jenen der Normalität, des Lebens und der Krankheit. In dieser eigentümlichen Vermengung von Medizin, Biologie und Politik hat übrigens auch der Rassismus seine Entstehungsbedingungen, wie eine weitere schwerwiegende These Foucaults besagt.[5] Die strategische Besetzung der Körper und Lüste erfaßt also zuerst die privilegierten Klassen, während die Unterschichten bis zum Beginn des 19. Jahrhunderts davon verschont bleiben. Die erste Zielscheibe ist die „müßige" Frau; die Konflikte, die sich für sie durch die Unterwerfung unter rein familiäre Pflichten und durch die Verbannung aus dem öffentlichen Leben ergeben, werden bald zu Krankheiten uminterpretiert. Das

Sexualitätsdispositiv ist somit weder ein Herrschaftsinstrument der Bourgeoisie zur Disziplinierung des Proletariats noch ein Mittel der Selbstdisziplinierung im Sinne der von Max Weber beschriebenen protestantischen Arbeitsethik. Foucault sieht darin eher ein Mittel der Selbstaffirmation der bürgerlichen Klasse, die sich mit Hilfe der Sexualitätspolitik einen starken und gesunden „Klassenkörper" gegeben hat.

Summarisch läßt sich sagen: geht es in *Surveiller et punir* um die Verbindung von Macht und individuellem Körper, so ist hier die Verbindung von Macht und Gattungsleben zum Thema geworden. Zu den Privilegien des römischen Familienvaters hat das Recht über Leben und Tod seiner Kinder und Sklaven gehört. Dieses Recht ist in der Folgezeit immer mehr eingeschränkt worden, doch läßt sich noch der monarchische Machttypus charakterisieren durch das Vorrecht, „sich des Lebens zu bemächtigen, um es auszulöschen". Seit dem 18. Jahrhundert wird dieses Recht über den Tod verdrängt durch eine Macht, die das Leben verwaltet und die Kräfte der Bevölkerung steigert. Das heißt nicht, daß nicht auch in der modernen Gesellschaft eine ungeheure Todesmacht am Werk ist; doch sie legitimiert sich gemäß Foucault geradezu mit einer Ideologie der Lebenserhaltung. „Kriege werden nicht mehr im Namen eines Souveräns geführt, der zu verteidigen ist, sondern im Namen der Existenz aller. Man stellt ganze Völker auf, damit sie sich im Namen der Notwendigkeit ihres Lebens gegenseitig umbringen. Die Massaker sind vital geworden. Gerade als Verwalter des Lebens und Überlebens, der Körper und der Rasse, haben so viele Regierungen in so vielen Kriegen so viele Menschen töten lassen." (1976a/163)

Die Macht über das Leben hat sich in zwei Hauptformen entwickelt, von denen wir die eine – die politische Anatomie des Körpers – bereits kennen, während die andere unter dem Begriff einer „Bio-Politik der Bevölkerung" erfaßt wird: regulierende Kontrolle der Bevölkerungsbewegungen, der Fortpflanzung, der Geburten- und Sterblichkeitsrate, der Gesundheit und der Lebensdauer. Diese zweispurige „Bio-Macht" begleitet zusammen mit dem Aufbau zentralisierter Staatsapparate die Entwicklung des Kapitalismus, sie ermöglicht die Anpassung des Bevölkerungswachstums an die Erfordernisse der Kapitalakkumulation. Sie bewirkt überdies die langsame Verdrängung des Rechts durch die Norm bzw. die Integration von Gesetz und Justizinstitutionen in eine Normierungsmacht. Die erstrangige politische Bedeutung der Sexualität erklärt sich in Foucaults Sicht daraus, daß sie den Angelpunkt bildet zwischen den auf den individuellen Körper und den auf die Gattung ausgerichteten Machtformen.

Die Sexualität erschöpft sich folglich – so die Schlußthese – vollständig in einem strategischen Dispositiv. Der Sex hingegen wird als spekulatives Element begriffen, als das notwendige Produkt solcher Strategien, als künstliche Einheit von biologischen Funktionen, physiologischen Prozessen, Empfindungen, Lüsten und kulturellen Verhaltensformen, als die mythische Vorstellung eines ursprünglichen Triebs jenseits der Macht und eines Gesetzes, das jegliche Lust beherrscht. Diese mythische Vorstellung lenkt ab von den positiven Beziehungen zwischen der Macht und der Sexualität.

3. Ergänzungen zu Foucaults Machtanalytik

Foucault hat in seinen früheren Büchern die gewagtesten Thesen oft mit einer eindrucksvollen Fülle von Quellenmaterial zu untermauern gewußt; solches fehlt in *La volonté de savoir* fast vollständig. Statt dessen muß man sich mit einer stellenweise übersteigerten und durch endlose Wiederholungen monoton wirkenden Polemik zufriedengeben. Verwirrend ist der Umstand, daß Foucault trotz aller Vorsichtsmaßnahmen und gegenteiligen Beteuerungen seinerseits der Versuchung unterliegt, die Vielfalt strategischer Spiele auf eine zentrale Instanz – *die* Macht oder *das* Bürgertum – zu beziehen. Was jedoch am meisten Unbehagen bereitet, ist der recht willkürliche Umgang mit den Begriffen „Sexualität“ und „Sex“. Wenn es zutrifft, daß „Sexualität“ nichts anderes ist als das Schlüsselwort für die biologisch-politische Selbstbestätigung der Bourgeoisie, so kommt es einer Trivialität gleich, auf deren Verschlingung mit der Macht hinzuweisen. Daß eine von sexuellen Metaphern und Potenzphantasien durchtränkte Rhetorik – von der Politik bis zur Werbung – herrschaftsstabilisierend ist, dürfte heute kaum bestritten werden. Keineswegs selbstverständlich ist hingegen die Behauptung, ein anderer Umgang mit der Sexualität sei stets schon in den Manövern der Macht eingeplant. Auf den letzten Seiten des Buches beginnt uns Foucault etwas unerwartet von seinen eigenen Träumen über den Aufstand der Körper und Lüste gegen die Macht zu erzählen.[6] Was er sagt, tönt sympathisch, nur: Haben nicht die Propagandisten der „Großen Weigerung", die Foucault so heftig attackiert – zu denken ist in erster Linie an Herbert Marcuse – ebenfalls vom Widerstand der Körper und Lüste geträumt, wenn sie in der Nachfolge der Psychoanalyse vom Konflikt zwischen dem Lust- und dem Realitätsprinzip gesprochen haben? Sollte die Grundthese des Buches wirklich lauten, das uns so vertraute Thema der Sexualität sei das Resultat einer bürgerlichen Machination, so wäre es zweifellos hilfreich, mehr über die „Bio-Politik" zu erfahren. Gerade in dieser Richtung scheint trotz aller Schwächen das Interessante an Foucaults Neuansatz zu liegen. Nicht die zuweilen allzu abstrakten Mutmaßungen über die Allgegenwart der Macht, wohl aber die Untersuchung einer auf die Beobachtung von „normalem" und „abnormalem" sexuellen Verhalten sich stützenden Bevölkerungspolitik könnte das Projekt einer kritischen Geschichte der Humanwissenschaften fortsetzen.

Claudia Honegger hat in einer Kritik von *La volonté de savoir* bemerkt, bereits Diderots Fabel hätte Foucault zeigen sollen, daß fast ausschließlich das weibliche Geschlecht Gegenstand der Neugierde ist. Eine Analyse der modernen westlichen Sexualwissenschaft sollte die von Foucault früher beschriebenen archäologischen Imperative nicht vergessen. Zu berücksichtigen wäre insbesondere die Äußerungsmodalität, in diesem Falle die Geschlechtszugehörigkeit der Sprechenden. Foucault habe solche Postulate in seiner *Geschichte der Sexualität* zugunsten eines magmatischen Machtbegriffs verdrängt. „Le pouvoir – dieses schummrige Amalgam aus Macht, Herrschaft, struktureller

Gewalt, Autorität, Prestige, Charisma – wird nie ‚lokalisiert', sondern zu einem Moloch hochstilisiert, der überall gleichermaßen lauert und so stets die Analyse konkreter Herrschaftsverhältnisse konterkariert." (Honegger 1980/9f) Unbestritten ist auch für Honegger, daß sich Macht in unserer Kultur stets mit Sexualität verbunden hat, doch müßte eine differenzierte Machtanalyse nicht nur – wie es Foucault tut – den männlichen Zugriff auf den weiblichen Körper, die „Biologisierung" der Weiblichkeit, die Identifikation der Frau mit einer geheimnisvoll-faszinierenden und zugleich potentiell krankhaften Sexualität beachten, sondern auch die Unterdrückung einer spezifisch weiblichen Sexualität.[7]

Eine Kritik mehr spekulativer Art hat Jean Baudrillard formuliert. Foucault könne wohl nur deshalb so frei über die Macht, die Sexualität und die Disziplin sprechen, weil diese ihre historische Rolle längst ausgespielt hätten (vgl. Baudrillard 1977/12f). Baudrillard kritisiert zudem Foucaults Anspruch, die Realität der Macht enthüllen zu wollen, wo es doch heute gelte, das Reale selbst als Trugbild, Illusion, Köder, Verführung zu demaskieren. Um die Polemik von Baudrillard, der Foucault nebenbei auch der Komplizenschaft mit dem kybernetischen Weltbild bezichtigt, würdigen zu können, müßte man auf sein eigenes Projekt einer Kritik der Realitäts-Wahrnehmung eingehen, was hier nicht möglich ist. Bemerkenswert ist immerhin, daß seine Grundthese, wonach die Macht nicht existiert, sondern verführt, den Eindruck einer anonymen Verschwörung in einem Foucault bei weitem überbietenden Maß verstärkt.

Hier sei noch auf Hinrich Fink-Eitels gewagten Versuch hingewiesen, Foucaults Machtanalytik im Rahmen einer innertheoretischen Entwicklungslogik zu begreifen. Laut Fink-Eitel unterscheidet Foucault drei Machttypen: Die repressive Exklusion, die normative sowie die produktive Integration. Damit aber reproduziere er die dreigliedrige strukturalistische Tätigkeit: Das Forschungsmaterial wird zunächst in Elemente zerlegt, die in einem zweiten Schritt transformiert werden; Resultat der Transformation ist der unbewußte und damit objektivwissenschaftlich gesicherte Regelzusammenhang (vgl. Fink-Eitel 1980). Diese Analytik würde sich somit dem Strukturalismus verdanken und ihrerseits dessen Genealogie enthüllen. Einen ähnlichen Zusammenhang vermuten übrigens Dreyfus und Rabinow (vgl. Dreyfus/Rabinow 1982/224f). Fink-Eitel wirft Foucault vor, sein ubiquitärer Machtmonismus räume Dionysos, dem „Todfeind jeder machtvollen Ordnung", und damit den Chancen des Widerstands, keinen Platz mehr ein. Weil zudem Angst als Korrelat von Macht keine Erwähnung mehr finde, drohe Foucaults theoretisches Unternehmen auf eine – zynische oder tragische – Bejahung des Bestehenden hinauszulaufen.

Foucault hat sich im Laufe der 70er Jahre nicht nur in den zwei hier besprochenen Büchern, sondern darüber hinaus in diversen Vorlesungen, Artikeln und Gesprächen zum Problem der Macht geäußert. Die Grundthemen seiner Machtanalytik sollen hier noch kurz umrissen werden. Es bieten sich zwei Möglichkeiten an, der Arbeitsweise dieser Analytik auf die Spur zu kommen: Einerseits lassen sich die heuristischen Prinzipien nennen, die Foucault vorgeschlagen hat, andererseits kann man versuchen, die unterschiedlichen Machttypen innerhalb historischer Prozesse zu lokalisieren. In einer 1973 gehaltenen Vorlesung (vgl. 1976 dt./99ff) werden vier Forschungsleitlinien genannt: Macht ist kein Besitz einer sozialen Klasse; sie ist nicht identisch mit den Staatsapparaten oder mit anderen politischen Institutionen; sie ist keiner Produktionsweise untergeordnet; sie ruft in der Ordnung des Erkennens nicht nur ideologische Wirkungen hervor.

Untauglich ist primär der „Ökonomismus" in der Theorie der Macht, wie Foucault drei Jahre später erklärt; damit ist sowohl die juristische Konzeption, wonach politische Macht ein Gut ist, das sich kraft eines Vertrags veräußern läßt, wie auch die marxistische Auffassung angesprochen. Jenseits dieses Ökonomismus bieten sich zwei Ansätze an, die mit den Namen von Nietzsche und Wilhelm Reich assoziiert werden. Gemäß diesen Hypothesen hat man sich unter Machtverhältnissen kriegerische Auseinandersetzungen oder Unterdrückungsmaßnahmen vorzustellen. Seine eigenen Versuche hat Foucault an diesen beiden Modellen orientiert, wobei er dem Begriff der Unterdrückung gegenüber im Laufe der Zeit zunehmend Mißtrauen bekundet. Macht wirkt ja seiner Ansicht nach nicht hauptsächlich repressiv, sondern produktiv. Krieg und Produktion sind mithin die Leitbegriffe seiner Analytik. Walter Seitter erklärt dazu in einem für das Verständnis von Foucaults Denkweg hilfreichen Aufsatz: „‚Krieg' als Modellbegriff für soziale Realität verweist auf das Brodeln der Kräfte, das unter den Herrschafts-, Normen- und Konsensbildungen wühlt. Im Gegenzug dazu soll ‚Produktion' gerade meinen, daß jene ‚Bildungen' weniger auf Einschränkung vorher bestehender und womöglich ursprünglicher Realitäten beruhen, sondern daß sie hervorgebracht worden sind und daß sie mit Hervorbringungen verknüpft sind, die vielleicht so weit gehen, daß wir selber unser Dasein ihnen schulden." (Seitter 1980/355) Eine Verständnisschwierigkeit ergibt sich aus der Spannung zwischen dem Monismus der Macht und dem „unendlichen, offenen Pluralismus irreduzibler Kräfteverhältnisse" (Fink-Eitel 1980); entsprechende Probleme kennt ja auch die Nietzsche-Forschung. Zweifellos vermag das Bild eines kriegerischen Universums, in welchem alle gegen alle kämpfen und selbst die Einzelnen Schauplatz einer Schlacht sind (vgl. 1978 dt./141) nicht zu befriedigen; Foucault selbst hat die Gefahr einer Konzeption erkannt, die die Macht zur bestverteilten Sache der Welt erklärt. Sein vordringliches Anliegen ist die Auflösung vertrauter Einheiten: „... anstatt sich zu fragen, wie der Souverän an der Spitze erscheint, sollte man herauszufinden versuchen, wie sich ... ausgehend von der Vielfältigkeit der Körper, Kräfte, Energien, Materien, Wünsche, Gedanken usw. die Subjekte konstituiert haben. Man muß die materielle Instanz der Unterwerfung in ihrer subjektkonstituierenden Funktion erfassen." (1978 dt./81) Nicht eine vom Staat und der herrschenden Klasse bis zu den „Untertanen" und unterprivilegierten Klassen absteigende, sondern eine von den unscheinbaren Praktiken bis zu den globalen Herrschaftsformen aufsteigende Analyse wird empfohlen. Wenn die oft ungenaue Verwendung des Machtbegriffs in *La volonté de savoir* mitunter zum Ärgernis wird, so zeigt die auf ein reiches Quellenmaterial gestützte aufsteigende Analyse, die in *Surveiller et punir* praktiziert wird, wie eine solche Forschungsweise auszusehen hätte.

Nicht eine globale und epochenumspannende Theorie der Macht, sondern die Spezifikation von Machttypen ist das Ziel von Foucaults Versuchen. Bis zum 17. Jahrhundert läßt sich die Art der Machtausübung durch das Verhältnis zwischen dem Souverän und den Untertanen, zwischen dem Recht als Willensäußerung der Könige und dem Gehorsam ausdrücken. Seit jener Zeit beginnt sich ein neuer Machtmechanismus durchzusetzen, der sich weniger auf die Erde und ihre Produkte, auf die Aneignung von Gütern und Reichtümern, mehr auf die Körper und die Aneignung von Zeit und Arbeit stützt, der an die Stelle der physischen oder symbolischen Präsenz des Monarchen und der regelmäßigen Verpflichtung der Untertanen mittels Steuerabgaben eine permanente Überwachung stellt. Erstaunlicherweise hat der ältere Machttypus das Aufkommen des industriellen Kapitalismus überlebt; die demokratische Souveränitätstheorie ist jedoch in Foucaults Augen nichts weiter als eine ideologische Verschleierung der Disziplinargesellschaft. Die Gesellschaft der Normalisierung beruht mithin auf der schwierigen Integration zweier Machttypen. Hier zeigt sich übrigens das politische Anliegen, das solcher Vergleichsarbeit zugrundeliegt: Foucault stellt die Frage, ob die Zuflucht zum Recht wirklich das geeignete Mittel ist, auf die Übergriffe der Disziplinargewalten zu reagieren, da diese ja nur in einem beschränkten Maße einer juristischen Sanktion bedürfen.

Im Rahmen seiner Vorlesungstätigkeit am „Collège de France" hat Foucault gezeigt, wie in Frankreich bereits seit dem 17. Jahrhundert die monarchischen Regierungen, in dem Maße wie sie die Bevölkerung als Produktivkraft oder als naturgesetzlich erfaßbares und manipulierbares Ganzes entdecken, die Normalisierungs- und Disziplinarstrategien experimentierend vorwegnehmen.

Foucaults schwer faßbares, weil kaum einzugrenzendes Konzept von Macht vermag zwar nicht zu befriedigen, aber seinen historischen Forschungen zu spezifischen Erscheinungsformen

Abb. 3: Foucault zusammen mit Simone Signoret und Bernhard Kouchner im ehemaligen Konzentrationslager von Auschwitz, September 1982. (DR)

von Herrschaftsausübung tut dies kaum Abbruch. Leider sind die Ergebnisse dieser Forschungen – sie betreffen die neuzeitliche Regierungskunst, insbesondere die Bedeutung der im 17. Jahrhundert aufkommenden ,,Polizeiwissenschaft" und der kirchlichen Pastoralgewalt – kaum an die Öffentlichkeit gelangt.

VI. Die Auseinandersetzung mit dem Marxismus

Foucault gilt heute als entschiedener Gegner der marxistischen Weltanschauung; je nach politischer Perspektive als Vater der „Nouveaux Philosophes", für welche der Marxismus weitgehend mit einer diabolischen Verschwörung machtgieriger Intelligenz identisch ist, oder als theoretischer Kopf einer nichtmarxistischen Linken. Alan Sheridan hält Foucaults „politische Anatomie" für die durchdachteste Version einer neuen politischen Theorie und Praxis, die sich angesichts der Krise des Marxismus wie auch des Reformismus als Alternative anbiete (Sheridan 1980/221f). Ein Blick auf den gegenwärtigen Diskussionsstand zeigt jedoch, daß die Situation verwickelter ist. Ein Beispiel: Namhafte marxistische Autoren wie Nicos Poulantzas oder Antonio Negri haben sich von Foucaults Forschungen inspirieren lassen, während sich Foucault umgekehrt kaum je die Mühe gemacht hat, auf neuere Entwicklungen im Marxismus einzugehen. Es drängt sich überdies der Eindruck auf, daß die Zielscheibe von Foucaults Polemiken weniger die Theorie von Marx oder der kritische westliche Marxismus ist, sondern die Ideologie der französischen kommunistischen Partei. Im folgenden werden aus dem komplexen Problembereich drei Aspekte gefiltert und genauer beleuchtet: Foucaults Einschätzung von Marx' Bedeutung in den archäologischen Werken, sein Verhältnis zu Althusser sowie der Einfluß seiner Machtanalytik auf die marxistische Diskussion im Westen.

1. Foucaults Kritik des Marxismus in den 60er Jahren

Les mots et les choses ist von manchen Kritiken als Absage an den Marxismus aufgefaßt worden. Es verwundert nicht, wenn Foucaults Anhänger aus den Reihen der „Nouvelle Philosophie" diese Deutung bestätigt haben. Das genannte Buch enthält tatsächlich einige provokative Stellen, die eindeutig auf den Marxismus gemünzt sind. Wenn Foucault den Merkantilismus der klassischen Episteme zuordnet oder die theoretischen Übereinstimmungen zwischen den Utilitaristen und den Physiokraten hervorhebt (1966a/227, 251f), läßt er den Historischen Materialismus als Forschungsmethode gelten, schränkt ihn aber zugleich in seinem Anspruch ein. Daß die Entscheidung für ein theoretisches Modell auf die ökonomischen Interessen sozialer Gruppen zurückgeführt werden kann, wird zugestanden; bestritten wird hingegen, daß die Bedingungen der Möglichkeit eines bestimmten Denksystems auf diesem Weg rekonstruierbar sind, daß also das anonyme „transzendentale Subjekt" in der sozialen Realität Wurzeln haben könnte.[1] Foucault bezeichnet den Glauben, alles Denken drücke eine Klassenideologie aus, als Dummheit, der allerdings eine „ungewollte Tiefe" eigen sei. Die epistemologische Situation nämlich – der Verlust der souveränen Transparenz des klassischen Cogito und damit die Konfrontation des Menschen mit dem Ungedachten – mache das Denken zu einem lebendigen und gefährlichen Akt, nicht der Klassenkonflikt. Nachdem Foucault das Episteme-Modell in der *Archäologie des Wissens* revidiert und in späteren Schriften ganz aufgegeben hat, statt dessen an jene „Oberfläche" zurückgekehrt ist, wo sich das Politische und das Wissenschaftliche durchdringen, ist zu vermuten, daß die grundlegende Opposition zum Marxismus anderswo zu suchen ist.

Zwei weitere Stellen haben zu leidenschaftlichen Debatten geführt. Trotz seines revolutionären Anspruchs habe der Marxismus – so lautet Foucaults Urteil – „in der Tiefe des abendländischen Wissens ... keinen wirklichen Einschnitt erbracht". (1966a/320) Wenn eine Episteme ein unbewußtes Regelsystem ist, scheint es allerdings sinnlos zu sein, dem Marxismus vorzurechnen, er habe weder das Ziel gehabt, die epistemologische Disposition seiner Zeit zu verwirren, noch die Kraft, sie zu verändern. Überdies gibt Foucault kaum Auskunft über sein Bild des Marxismus, was das Verständnis seines Textes nicht eben erleichtert. Er scheint den Marxismus mit einem Entfremdungsdenken zu identifizieren, das eher für den Lukacs von *Geschichte und Klassenbewußtsein* als für Marx selbst typisch ist. Die vom Publikum als skandalös empfundene Gleichsetzung der anthropologischen Naivität mit der ,,linken und linkischen Reflexion" (1966a/412) – Foucault hat sich wohlgemerkt damals wie auch später als Denker der Linken verstanden – zeigt, daß die Philosophie eines Marxismus und Existentialismus verbindenden Humanismus attackiert wird, nicht die Marxsche Lehre.[2]

In späteren Klärungsversuchen wird das Urteil über Marx entscheidend modifiziert. Marx bleibe zwar in seinen ökonomischen Analysen dem von Ricardo abgesteckten epistemologischen Rahmen verpflichtet, hingegen sei ,,mit der marxistischen Gesellschaftstheorie sehr wohl ein gänzlich neuer erkenntnistheoretischer Bereich eröffnet" worden (1967b/159). Eine Archäologie der historischen Wissenschaft werde vermutlich zeigen, daß Marx für einen epistemologischen Einschnitt verantwortlich sei. Diese Überzeugung liegt der Einleitung zur *Archäologie des Wissens* zugrunde: Marx wird hier gleichsam zum Urvater der neuen Geschichtsschreibung erklärt (1969a/22ff). Noch bemerkenswerter ist Foucaults Präzisierung, Marx habe die Analyse von Ricardo nicht einfach transformiert, sondern die Möglichkeit einer neuen diskursiven Praxis eröffnet, die diejenigen ,,Bedingungen definiert, unter denen der Diskurs der Ökonomen sich vollzieht, und also als Theorie und Kritik der Politischen Ökonomie gelten kann" (1969a/251). Foucaults Absicht, die Archäologie mit der Analyse der Gesellschaftsformationen zu verknüpfen und in eine allgemeine Theorie der Produktionen zu integrieren (1969a/295), zeugt von einer Annäherung an den Historischen Materialismus.

Die erste positive Würdigung, die die *Archäologie des Wissens* von marxistischer Seite her erfahren hat, stammt vom Althusser-Schüler Dominique Lecourt. Besondere Aufmerksamkeit widmet Lecourt dem Foucaultschen Praxis-Begriff, der Beziehung zwischen diskursiver und nichtdiskursiver Praxis; in seiner Perspektive wird die *Archäologie des Wissens* zum Versuch einer historisch-materialistischen Ideologie-Lehre, ein Versuch allerdings, der so lange zum Scheitern verurteilt sei, als die Mechanismen, die die ideologischen Systeme und die Produktionsweise einer Gesellschaft verbinden, nicht erkannt sind. Lecourts Kritik trifft unbestritten eine Schwäche der Archäologie, die auf eine undurchsichtige Weise auf der Autonomie der diskursiven Ebene beharrt. Hingegen ist der Vorwurf, der Archäologie fehle ein Klassenstandpunkt (Lecourt 1972/104), undifferenziert. Foucault leugnet ja ausdrücklich die Möglichkeit eines wahren ökonomischen Diskurses, der nicht auch die Interessen einer Klasse vertritt; er weigert sich lediglich, diesen Diskurs auf einen politischen Interessenkonflikt zu reduzieren. Klasseninteressen sind gemäß der archäologischen Lesart regulierte und beschreibbare Weisen, Diskursmöglichkeiten anzuwenden (1969a/102). Lecourts Kritik liegt die Überzeugung zugrunde, der Forscher selbst müsse sich zu einer Klasse bekennen, sich für eines der beiden ,,Lager" der Philosophie entscheiden (Lecourt 1972/100). Doch auch Foucault unterstellt seinen Gegnern politische Motive (1969a/298f). Je aufmerksamer man sein Buch liest, desto geringer erscheint der Abstand vom Marxismus. In der *Archäologie des Wissens* wird ein Problem abgehandelt, das in den 60er Jahren von Louis Althusser ins Zentrum der marxistischen Diskussion gerückt worden ist: das Problem des epistemologischen Einschnitts zwischen Ideologie und Wissenschaft. Es ist deshalb nötig, einen kurzen Blick auf die Theorie Althussers zu werfen.

2. *Themen und Probleme von Althussers Marxismus*

Hier ist nicht der Ort, das Werk von Althusser, der zu den originellsten marxistischen Philosophen der Gegenwart zu zählen ist, in seinem systematischen Zusammenhang vorzustellen. Lediglich einige Themen seiner Reflexion sollen herausgegriffen werden, die in diesem Kontext von besonderem Interesse sind. Zu Beginn der 60er Jahre haben Althusser und seine Mitarbeiter den Versuch unternommen, das methodologische Fundament des Marxismus auszugraben und dessen Verwässerung mit humanistischem Gedankengut zu verhindern. Der Historische Materialismus stellt laut Althusser eine Kritik jener philosophischen Auffassungen dar, die vom Menschen als ursprünglichem Subjekt seiner Bedürfnisse, Gedanken und Handlungen ausgehen und der bürgerlichen Ideologie von der Allmacht menschlicher Freiheit und schöpferischer Arbeit als Legitimation dienen. Daß die Absage an humanistische Illusionen tatsächlich ein wichtiges Element der Marxschen Ideologiekritik bildet, zeigt der Hinweis auf die Zirkulationssphäre im ersten Band des *Kapital*. Diese Sphäre bezeichnet Marx als „ein wahres Eden der angeborenen Menschenrechte"; die kapitalistische Gesellschaft aber werde von anderen Gesetzen beherrscht, die außerhalb des Marktes, im Bereich der Konsumtion von Arbeitskraft zu suchen seien (MEW 23/189f).

Aber ist dem Werk von Marx nicht trotzdem ein engagierter Humanismus inhärent? Althusser leugnet nicht, daß humanistische Intentionen das Denken des jungen Marx geleitet haben, doch er sucht in der Entwicklung der Marxschen Lehre einen „epistemologischen Einschnitt", die Ablösung einer ideologischen durch eine wissenschaftliche Problematik. Unter wissenschaftlicher Problematik versteht Althusser die „theoretischen Produktionsbedingungen", die Bedingungen der Möglichkeit von Wissen. Er faßt mithin auch die Theorie als Produktion, als Praxis.[3] Praxis meint nach seiner Begriffsbestimmung die Veränderung von Grundmaterie in Produkte, bewirkt durch menschliche Arbeit, die sich bestimmter Produktionsmittel bedient. Wissenschaftliche Praxis bedeutet entsprechend die Veränderung von ideologischen Überzeugungen in wissenschaftliche Erkenntnis mit Hilfe von wissenschaftlichen Theorien.

Der junge Marx begreift die Geschichte und die Ökonomie in Kategorien menschlicher Entfremdung und bleibt Althusser zufolge ein Gefangener der humanistischen Illusionen. Humanistisch ist auch die Problematik der politischen Ökonomie, ihr Konzept des homo oeconomicus. Die Kritik der politischen Ökonomie wird von einer neuen Problematik getragen; sie entdeckt den homo oeconomicus als Produkt ökonomischer

Strukturen. „Die Produktion produziert... nicht nur einen Gegenstand für das Subjekt, sondern auch ein Subjekt für den Gegenstand" (MEW 13/624), wie es Marx ausgedrückt hat.

In Althussers bedeutendstem Werk, dem zuerst 1965 zusammen mit Etienne Balibar und weiteren Autoren veröffentlichten *Lire le Capital*, ist das Augenmerk auf erkenntnistheoretische Fragen gerichtet, wobei die methodologischen Überlegungen, die Marx in der *Einleitung zur Kritik der politischen Ökonomie* angestellt hat, der erkenntnistheoretischen Reflexion als Vorbild dienen. Marx hat in der genannten Schrift die Ansicht vertreten, ökonomische Kategorien seien nicht in der Rekonstruktion ihrer historischen Genese erkennbar, sondern nur gemäß ihrer Gliederung innerhalb einer gegebenen Gesellschaftsformation (MEW 13/638). Althusser eignet sich diese These an und überträgt sie auf das Problem wissenschaftlichen Erkennens. Jede Theorie, die Erkenntnis als unmittelbare Vision, als Widerspiegelung des Objekts begreift, verweist er ins Gebiet der Ideologie. Ähnlich wie Nietzsche ist er davon überzeugt, daß das Vertrauen auf die Widerspiegelung der Realität im Bewußtsein nur zu einem von ideologischen Wünschen geleiteten „Wiedererkennen" und damit Verkennen führen kann. Der Akt des Erkennens ist als Aneignung, besser noch als Produktion zu verstehen. Die Frage, in welchem Fall das Ergebnis dieses Aktes als wissenschaftlich gelten kann, ist nach Althusser nicht mit dem Hinweis auf das erkennende Subjekt und seine Beziehung zum Objekt zu beantworten. Das einzige Wahrheitskriterium sei vielmehr die Wissenschaft selbst, die zur Verifizierung ihrer Erkenntnis keiner äußeren Praxisform bedürfe (Althusser 1968/78). Althusser führt als Beispiel die Mathematik an. Aber ist die Wissenschaftlichkeit des Historischen Materialismus mit den gleichen Kriterien zu beurteilen wie jene der Mathematik?

Althusser hat dargelegt, daß in der Wirtschaft so gut wie in der wissenschaftlichen Erkenntnis dem menschlichen Subjekt eine untergeordnete Rolle zukommt, daß in beiden Fällen die Produktion von anonymen Strukturen geregelt wird. Doch mit dem Hinweis auf die innere Schlüssigkeit seines Systems ist die

Frage nicht beantwortet, in welchem Maß sein Diskurs fähig ist, sich die gesellschaftliche Realität anzueignen bzw. sie zu verändern. Aufgrund dieser Schwierigkeit erklärt sich die Tatsache, daß das Grundproblem Althussers nicht der epistemologische Einschnitt zwischen Ideologie und Wissenschaft ist, sondern der Anspruch der Philosophie, solche Grenzen ziehen zu wollen.[4] Bereits in *Lire le Capital* hält er fest, die Philosophie solle künftig nicht mehr als Rechtsinstanz fungieren, die „im Namen eines sich selbst angemaßten Rechts Gesetze für die Wissenschaften erläßt" (Althusser 1968/73), sondern lediglich beschreiben, wie in der Geschichte des Wissens Erkenntniseffekte zustandekommen und als wissenschaftliche Systeme Anerkennung finden. Eine solche Auffassung von Philosophie verträgt sich allerdings schlecht mit der von den kommunistischen Parteien hochgehaltenen Konzeption Lenins. Die Leninsche Widerspiegelungstheorie ist ja geradezu ein Idealbeispiel für die von Althusser behauptete Naivität der Erkenntnistheorie; die von Lenin propagierte materialistische Philosophie befaßt sich überdies in erster Linie mit der Grenzziehung zwischen Ideologie und Wissenschaft. Althusser hat versucht, diesen Widerspruch zu lösen, was ihm freilich einige Schwierigkeiten bereitet hat.

In einem im Februar 1968 gehaltenen Vortrag über *Lenin und die Philosophie* gelangt Althusser zum Schluß, der Marxismus sei eine neue Praxis der Philosophie, die im Bereich der Wissenschaften den Standpunkt der Politik zur Geltung bringe und umgekehrt in der Politik die Wissenschaftlichkeit repräsentiere (Althusser 1972/42). Doch ist nicht mit dieser Definition der uralte Herrschaftsanspruch der Philosophie rehabilitiert? Deren Auftrag ist es ja seit Platon gewesen, im politischen Alltag das Wahre vom Falschen zu scheiden und in den Wissenschaftsbetrieb moralische Kategorien einzuführen. Althussers ehemaliger Mitarbeiter Jacques Rancière hat bemängelt, dessen Theorie sei nach 1968 zur Legitimation der institutionellen Praxis der Kommunistischen Partei herabgesunken. Althusser und seinen Anhängern sei es nicht gelungen, aus ihrer angestammten Rolle als Wissensverwalter auszubrechen und die Wissenschaften als

Herrschaftsdiskurse in Frage zu stellen. Ebendies aber sei das Anliegen der Studentenbewegung gewesen (Rancière 1974).

Rancière hat allerdings die Ironie übersehen, die sich hinter Althussers Bekenntnis zum Leninismus verbirgt. Lenin hat mit seiner Streitschrift *Materialismus und Empiriokritizismus* die Absicht verfolgt, den Klassenkampf in die Philosophie einzuführen. Seine These, wonach die Philosophie der Schauplatz einer Schlacht zwischen idealistischen und positivistischen Ideologien einerseits und einem den wissenschaftlichen Fortschritt repräsentierenden Materialismus andererseits sei, hat Althusser in der 1974 publizierten, aber schon 1967 gehaltenen Vorlesungsreihe *Philosophie et philosophie spontanée des savants* aufgenommen. Dieser Versuch einer Aktualisierung der Leninschen Parteilichkeitstheorie ist wenig überzeugend, eine sorgfältige Lektüre des Textes zeigt jedoch, daß er Althusser nur zum Vorwand dient, um über den Status der Philosophie nachzudenken.

Philosophische Sätze sind laut Althusser dogmatische Thesen; sie können nicht wahr sein, sondern allenfalls richtig („juste"), womit ein Bezug zur gesellschaftlichen Praxis angedeutet wird. Diese Auffassung erinnert an die in der Apologie des Protagoras vorgeschlagene Ersetzung des Begriffs des Wahren durch jenen des Besseren (Platon. *Theaitetos* 166dff). Doch von der Macht, die der Sophist seiner Rede zuschreibt, will Althusser nichts wissen. Seiner Ansicht nach hat die Philosophie eine viel bescheidenere Aufgabe: Ihr obliegt es, wie ihre Geschichte von Platon bis Lenin beweist, zwischen dem Wahren und dem Falschen, zwischen Episteme und Doxa, zwischen dem „Wissenschaftlichen" und dem „Ideologischen" zu unterscheiden. Diese Begriffe sind jedoch – wie Althusser betont – mit den bestehenden Wissenschaften und Ideologien nicht zu verwechseln; sie sind lediglich Resultate der philosophischen Intervention (Althusser 1974/63f). Mit anderen Worten: Die Philosophie produziert keine Erkenntnisse, sie demarkiert nur. Wenn auch das unmittelbare Ziel solcher Erörterungen in der Rehabilitation der Leninschen Parteilichkeitslehre besteht, so können sie auch als ironische Abrechnung mit den Ansprüchen der Philosophie gelesen werden. Als eine kollektive Tätigkeit von Forschern und als Übereinkunft bezüglich gewisser Regeln der Problemlösung setzt sich eine Einzelwissenschaft gegen ihre ideologischen Vorformen durch; die Philosophie hingegen bemüht sich vergeblich, die allgemeingültigen Gesetze solcher Prozesse zu definieren. Als richtende und grenzziehende Instanz bleibt sie ein hoffnungsloses, ja lächerliches Unterfangen (Althusser 1974/16f).

Das gesamte Althussersche Schaffen wird durchzogen von einem Skeptizismus, einer eigentümlichen Abkehr von der marxistischen Wissenschaftsgläubigkeit: nicht mehr die Allmacht der Wissenschaft, sondern die Allmacht der Ideologie ist die Hypothese, mit der Althusser arbeitet. Die den Philosophen teure Idee einer reinen, von allem subjektiven Meinen freien Wissenschaft bleibt für ihn nur noch ein regulatives Leitprinzip (Althusser 1965/109). Den Zugang zum Problem der Ideologie kann seiner Überzeugung nach nur ein an den Erkenntnissen der Psychoanalyse[5] sich orientierender Historischer Materialismus finden, womit er sich noch einmal von der Orthodoxie entfernt.

Die im Grunde eher auf Comte denn auf Marx zurückgehende Vorstellung einer künftigen Gesellschaft, in welcher die Wissenschaft an die Stelle der Ideologie tritt, ist laut Althusser eine bloße ideologische Phantasie (Althusser 1965/182). Ideologie sei eine in jeder Gesellschaft unentbehrliche unbewußte Struktur, die es den Menschen erlaube, sich in ihrer Welt zurechtzufinden. Mit dieser Begriffsbestimmung widerspricht er der von Marx in der *Deutschen Ideologie* vertretenen Auffassung. Marx spricht dort von den „ideologischen Reflexen und Echos“ des menschlichen Lebensprozesses (MEW 3/26); Ideologien sind für ihn reine Hirngespinste, gleichsam Nebelschwaden, die in ökonomisch unentwickelten Regionen noch das Gehirn der Menschen umwölken. Althusser hingegen definiert sie als die imaginären Verhältnisse der Menschen zu ihren realen Existenzbedingungen, die ihrerseits mit einer materiellen Existenz ausgestattet, innerhalb von Institutionen und staatlichen Apparaten praktisch wirksam sind (Althusser 1976/67ff). Die reale

Macht des Imaginären demonstriert Althusser am Beispiel der christlichen Religion, deren Materialität in rituellen, den ganzen Körper einschließenden Handlungen gut faßbar ist. Der Beweis der Materialität der Ideologie liegt in ihrer Macht, menschliches Verhalten zu steuern bzw. – mit Althussers Worten – Individuen als Subjekte anzurufen. Wie Foucault spielt Althusser mit der Doppelbedeutung des Subjekt-Begriffs; er spricht von einem in seiner Einbildung freien, tatsächlich aber unterworfenen Individuum. Die Funktionsweise der Ideologie besteht in der Konstitution von Subjekten, die sich in einer Hierarchie von Abhängigkeitsverhältnissen wiedererkennen und sich gemäß internalisierten Normen verhalten, die unaufhörlich von jener „Evidenz" geblendet sind, die eine bestehende soziale Ordnung zur einzig möglichen, zur von Gott gewollten oder von den Gesetzen der Natur befohlenen erhebt.

Bei Foucault wie bei Althusser schlägt der theoretische oder epistemologische Antihumanismus in eine politisch motivierte Kritik der Unterwerfung um. Während jedoch Althusser die Mechanismen der Unterwerfung noch vornehmlich auf der Ebene des Psychischen und der Sprache untersucht hat, will Foucault die Körper als Objekte der Machttechniken in den Blick bringen.

3. Die Machtanalytik und die Kritik der politischen Ökonomie

In einer Rezension von *Surveiller et punir* hat François Ewald (Ewald 1975) eben diese Aufmerksamkeit für die Körper gegen den Marxismus ausgespielt. Gemäß der von Foucault gewählten genealogischen Perspektive ließen sich die Machtbeziehungen nicht aus den Produktionsverhältnissen ableiten. Nicht die Anforderungen der Mehrwertschöpfung hätten die körperliche Unterwerfung zur Folge, vielmehr erlaube die Disziplinierung der Menschen mittels produktiver wie aber auch nicht-produktiver Arbeit erst die Entfaltung kapitalistischer Verhältnisse. Ewald vergißt jedoch, daß Marx selbst bereits auf die disziplinierende Funktion des Kapitals hingewiesen hat: „Eigen ist dem Kapital nichts als die Vereinigung der Massen von Händen und Instrumenten, die es vorfindet. Es agglomeriert sie unter seiner Botmäßigkeit. Das ist sein wirkliches Anhäufen; das Anhäufen von Arbeitern auf Punkten nebst ihren Instrumenten." (*Grundrisse*/407)

Foucault selbst hat in einem anläßlich der Veröffentlichung von *Surveiller et punir* gegebenen Interview erklärt, als Historiker sei er Marx verpflichtet (1976, dt./39). Tatsächlich hat Marx bereits eine „politische Anatomie" der modernen Arbeitsbedingungen formuliert, spricht er doch ausdrücklich vom „Leib der Fabrik", von der Verwandlung des Arbeiters in den „Teil einer Teilmaschine" und von der „kasernenmäßigen Disziplin" (MEW 23/441 ff). Umgekehrt hat Foucault die gegenseitige Abhängigkeit von Subjektkonstitution, Disziplinierung und Kapitalakkumulation konstatiert: „das Problem der Anhäufung der Menschen wäre nicht zu lösen gewesen, ohne das Anwachsen eines Produktionsapparates, der diese Menschen sowohl erhalten wie nutzbar gemacht hat; umgekehrt wird die Bewegung der Kapitalakkumulation von den Techniken beschleunigt, welche die angehäufte Vielfalt der Menschen nutzen." (1975 a/283)

Von einer tiefgreifenden Differenz zwischen Foucaults Machtanalytik und dem Marxismus kann nicht die Rede sein. Marx selbst hat schon auf die „außerökonomische" Gewalt hingewiesen, die angewendet wird, um den „stummen Zwang der ökonomischen Verhältnisse" wirken zu lassen (MEW 23/765). In neuerer Zeit haben überdies gerade Marxisten die Übernahme kapitalistischer Disziplinierungstechniken in der sozialistischen Sowjetunion der Kritik unterzogen. Auf der Ebene der moralischen Wertungen hingegen ist die Differenz zwischen Marx und Foucault beträchtlich. Foucault begreift die „volkstümlichen Gesetzwidrigkeiten" (1975 a/354), wie sie sich im Laufe des 18. Jahrhunderts herausgebildet haben, als Elemente des Klassenkampfes. Marx hat diesbezüglich mehr Bedenken gehabt. Im Kapitel über die ursprüngliche Akkumulation beschreibt er, wie sich die enteignete, von Grund und Boden vertriebene Landbevölkerung massenhaft für Bettelei, Raub oder

Vagabondage entscheidet, „zum Teil aus Neigung, in den meisten Fällen durch den Zwang der Umstände". Er sieht sich bemüßigt, die „Väter der jetzigen Arbeiterklasse" vom Verdacht freiwilligen Verbrechertums reinzuwaschen, obwohl er selbst darlegt, wie eine neue, „grotesk-terroristische" Gesetzgebung überhaupt erst gewisse Praktiken als kriminell definiert (MEW 23/762ff). Marx hat sich von der Arbeitsmoral seiner Zeit nicht lösen können. Ein besonders deutliches Beispiel dafür ist die in der *Kritik des Gothaer Programms* ausgesprochene Empfehlung, man möge doch nicht den „gemeinen Verbrechern" ihr „einziges Besserungsmittel", nämlich produktive Arbeit, verweigern (MEW 19/32). Andererseits finden sich auch Stellen, die den Prozeß der ursprünglichen Akkumulation in aller Nüchternheit und ohne moralisierende Untertöne schildern.[6]

Während der Zeit seines politischen Aktivismus hat Foucault verschiedentlich die Einbeziehung deklassierter Randschichten in den Klassenkampf gefordert; eine solche Integration sei allerdings nur möglich, wenn die Identifikation der Arbeiter mit den bürgerlichen Moralvorstellungen in Frage gestellt werde. Bei der Lektüre jener Texte aus den 70er Jahren fällt immer wieder auf, wie stark Foucaults politisches Denken dem Modell des Klassenkampfes verpflichtet ist. Insofern Foucault die Geschichte als Abfolge sozialer Kämpfe, als Feld zur Erprobung von Strategien der Überwältigung resistenter Volksschichten versteht, bleibt er der Marxschen Weltauffassung in ihren Grundzügen treu. Um so mehr mag es erstaunen, daß er sich in den späten 70er Jahren jenen Kritikern angeschlossen hat, die Marx die moralische Verantwortung für die Entwicklung des sowjetrussischen Gulag-Systems angelastet haben. Eine solche Schuldzuweisung seitens Foucaults ist deshalb schwer verständlich, weil er sich üblicherweise eher für die Geschichte politischer Technologien als für den philosophischen Ursprung totalitärer Machtausübung interessiert.[7]

Foucaults teils recht heftige Attacken gegen den Marxismus muten zuweilen eher oberflächlich an. Eben deshalb dürfte es von Nutzen sein, jetzt noch einen Blick auf marxistische Theoretiker zu werfen, die Foucaults Anregungen positiv aufgenommen haben. Eine produktive Auseinandersetzung mit Foucaults Machtanalytik enthält Nicos Poulantzas' 1978 erschienenes Buch *L'état, le pouvoir, le socialisme*. Mit seiner Geschichte der Disziplinierung und Normalisierung menschlichen Verhaltens sei es Foucault gelungen, die vom kapitalistischen Staat angestrebte Parzellisierung und Atomisierung des Gesellschaftskörpers zu beschreiben. Foucaults Kritik am ökonomischen Determinismus bleibe berechtigt, solange unter Ökonomie nur die Zirkulationssphäre oder die Produktionstechniken verstanden würden, nicht die Produktionsverhältnisse. Unter Produktionsverhältnissen versteht Poulantzas eine Reihe von Machtbeziehungen: die Verfügungsgewalt über die Produktionsmittel sowie die Herrschaft über den Arbeitsprozeß, wie sie durch das ökonomische Eigentum und den Besitz gewährleistet sind, in erster Linie aber das Verhalten sich feindlich gegenüberstehender Klassen. Poulantzas geht mit Foucault insofern einig, als er unter Macht nicht den Besitz einer herrschenden Klasse versteht, sondern die die gesamte Gesellschaft durchziehenden Kräfteverhältnisse. Im Gegensatz zu Foucault meint er jedoch, die Materialität der Macht erschöpfe sich nicht in der Art und Weise ihrer Ausübung, zu berücksichtigen seien auch die Situation der verschiedenen Klassen im System der Ausbeutung und ihre Verankerung in den staatlichen und nichtstaatlichen Apparaten. Foucault vermöge die Machtbeziehungen nur in sich selbst zu begründen; der Begriff des Widerstandes bleibe ein abstraktes Prinzip, Macht hingegen werde zur allesverschlingenden Substanz.

Ob die *Risposta ad alcuni critici*, die 1978 in der italienischen Zeitschrift *aut-aut* erschienen ist und in der sich Foucault gegen die Vorwürfe des Funktionalismus und der Ontologisierung der Macht zur Wehr setzt, auch auf Poulantzas gemünzt ist, ist schwer zu beurteilen. Foucault attackiert mit besonderer Schärfe die Marxisten, hauptsächlich die Parteikommunisten, da sie den von ihm angestrebten Dialog verweigert und ihn mit Absicht mißverstanden hätten. Ob diese Polemik gerechtfertigt ist, läßt sich kaum entscheiden – Foucault hat sich eben nicht über diejenigen Marxisten geäußert, die den Dialog gewünscht hätten.

In der betreffenden Nummer von *aut-aut* haben sich mehrere Vertreter des autonomen Marxismus zu Wort gemeldet. Antonio Negri, der bekannteste Theoretiker dieser Richtung, konstatiert eine Aporie in Foucaults Denken, die in einer ungenügenden Berücksichtigung der Produktionsebene begründet sei; Foucault schenke seine Aufmerksamkeit nur der Zirkulation von Wissen und Macht. Anders als in der Argumentation des Althusser-Schülers Poulantzas kommt hier der Hinweis auf die Produktion einem ,,humanistischen" Einwand gleich: Negri versteht unter Produktion menschliche Arbeit, Kreativität und weltverändernde Aktivität. Von dieser Perspektive sei Foucault nicht mehr weit entfernt, sobald er sich mit den Gefangenen solidarisiere. Die Gefängnisrevolte stellt für Negri eine Möglichkeit der ,,autovalorizzazione" dar. Dieser Begriff – der Akt, mit welchem ein Mensch sich seinen eigenen Wert gibt und sich damit der herrschenden ökonomischen Wertmessung widersetzt – steht im Zentrum seiner politischen Philosophie. Die Aporien in Foucaults Machtmodell sind seiner Ansicht nach gering zu veranschlagen angesichts des neu erschlossenen Terrains der Analyse, das die revolutionäre Bewegung Foucault verdanke.

1984 hat Mark Poster eine Studie publiziert, der das Verdienst zukommt, den falschen Eindruck eines unversöhnlichen Gegensatzes zwischen Foucault und dem Marxismus korrigiert zu haben. Foucaults Arbeit ist nach Posters Überzeugung die konsequente Weiterführung der vom westlichen Marxismus begonnenen Gesellschaftskritik. Der moderne Kapitalismus, so lautet Posters These, ist in der Folge der Tertiarisierung der Wirtschaft zu einer Informationsgesellschaft geworden. Der Alltag in Arbeit und Freizeit wird bestimmt durch Produktion, Austausch und Verarbeitung von Information. Den Wert von Foucaults Untersuchungen sieht Poster darin, daß mit dem Begriff der Diskurs-Praxis die Aufmerksamkeit auf die Verknüpfung von Macht und Information gelenkt wird.

Foucaults Beziehungen zum Marxismus sind komplexer, als

sie meist dargestellt werden. In einem Gespräch mit Gérard Raulet, das 1983 in der amerikanischen Zeitschrift *Telos* erschienen ist, hat er erklärt, der Slogan ,,Marx ist tot" habe bloß konjunkturellen Wert. Er prophezeit, Marx werde wieder aktuell werden, und bekennt, er träume von einem Marx, der von den Parteidogmen befreit sei.

VII. Von der anarchischen Revolte zur Ästhetik der Existenz

1. Anarchistische Sympathien

Die Frage, woher eine sich als wissenschaftlich ausgebende Lehre das Recht nimmt, einigen Menschen die Normalität abzusprechen und ihre Absonderung von der Gesellschaft zu fordern, hat Foucault seit jeher beschäftigt. Eine andere, wenn auch mit der ersten verwandte Frage hat seine Aufmerksamkeit seit den frühen 70er Jahren auf das Phänomen der Macht gelenkt und ihn zu einer ganzen Reihe von öffentlichen Stellungnahmen veranlaßt: Wie steht es um die Legitimation von Justiz und Polizei, wenn sie mehr oder weniger gewaltsam in den Alltag der Menschen eindringen?

Im Herbst 1977 protestiert Foucault gegen die drohende Auslieferung des Rechtsanwalts Klaus Croissant an die Bundesrepublik Deutschland. Er beruft sich dabei auf ein Recht der „Regierten", das im Gegensatz zu den Menschen- und Bürgerrechten zwar über keine theoretische Begründung verfüge, in der Praxis aber – angesichts einer ins Grenzenlose strebenden staatlichen Machtfülle – bereits zu einem verteidigungswürdigen Gut geworden sei (vgl. 1977c). Der betreffende Artikel verrät Sympathien für die Anarchisten und „ewigen Dissidenten"; die Frage liegt nahe, ob sich Foucaults politische Ideale mit jenen der Anarchisten decken. In diesem Sinne hat Jean Améry von einer „anarchistischen Anthropologie" gesprochen, von einer Haltung, die einerseits jeder Form von Macht und Autorität mißtraut und sich weigert, die Umrisse einer alternativen Ordnung zu zeichnen, die andererseits ihre Hoffnungen in eine nicht-unterdrückbare menschliche Natur setzt, welche der bestehenden Ordnung immer Widerstand leisten wird. Améry hätte erwähnen sollen, daß es sich bei der von ihm als

Abb. 4: Foucault zusammen mit Régis Debray, André Laudouze, Yves Montand und Claude Mauriac während einer Intervention in Spanien, bei der sie gegen die unmittelbar bevorstehende Hinrichtung von Anhängern der ETA und der FRAP protestieren, September 1975. (Sipa/Xavier Martin)

Beleg für seine These angeführten Stelle (vgl. Améry 1977/393; Foucault 1975 a/374 f) – das Verbrechen wird hier zum Instrument gesellschaftlicher Befreiung erklärt – um Foucaults Zusammenfassung frühsozialistischer Theorien handelt. Foucault selbst hat hingegen verschiedentlich vor einer romantischen Mystifikation des Verbrechens gewarnt, die sich am Bild des rebellischen Nomaden des 18. Jahrhunderts orientiert und die

Realität eines von der Polizei kontrollierten und instrumentalisierten Delinquentenmilieus nicht zur Kenntnis nimmt. Ganz unrecht hat Améry mit seiner Einschätzung trotzdem nicht. Die Anhänger des französischen Sozialutopisten Fourier, die in ihrer politischen Theorie eine positive Wertung des Verbrechens vorgenommen haben, wie auch die Anarchisten, die „die Delinquenz aus ihrer Kolonisierung durch die bürgerliche Gesetzmäßigkeit und Gesetzwidrigkeit“ befreien wollten (1975 a/378), sind für Foucault wichtige Gewährsleute. Im Laufe der 70er Jahre hat er wiederholt die politische Dimension von Verbrechen und Strafe in unserer Gesellschaft betont. Seine Überzeugung, bei den marginalen, kaum integrierten sozialen Randschichten handle es sich um die „wahrhaft revolutionären Kräfte“, und ihre Gesetzwidrigkeiten seien Ausdruck einer politischen Opposition, widerspiegelt die Hoffnungen und Erwartungen anarchistischer und spontaneistischer Gruppen, die nach 1968 aktiv geworden sind.

An dieser Stelle scheint es angebracht, die Aufmerksamkeit auf einen „Vorgänger“ zu lenken, der in der Foucault-Literatur bisher keine Beachtung gefunden hat: auf Max Stirner, den Verfasser der 1845 erschienenen Schrift *Der Einzige und sein Eigentum*. Bei der Lektüre Stirners ergibt sich, ähnlich wie bei derjenigen Foucaults, rasch der Eindruck eines unversöhnlichen Gegensatzes zwischen den Individuen und den sozialen Institutionen. Für beide Autoren besitzt das Gefängnis Modellcharakter, wo es um das Verständnis gesellschaftlicher Einrichtungen geht, die ihrerseits fast ausschließlich als den Menschen fremde, ihre Eigenart zerstörende Gewalten beschrieben werden. Die stärkste Leidenserfahrung, die Stirners Kritik des neuzeitlichen Humanismus und Liberalismus zugrundeliegt, bezieht sich auf die endlose Bevormundung und Demütigung der Einzelnen durch den Staat und die bürgerliche Gesellschaft.[1] Er vermag deshalb – auch hier wird die Nähe zu Foucault deutlich – die Französische Revolution nicht unbedingt als Fortschritt und Befreiung zu begreifen, ist doch der Herrschaft der „souveränen Nation“ noch weniger zu entrinnen als jener des Monarchen.

Zwar verfügt Stirner nicht über das sozialgeschichtliche Material, mit dem er die These von der zunehmenden Normierung und Disziplinierung der Menschen belegen könnte, doch ist er höchst sensibel für die dem Protestantismus eigene Verinnerlichung von Normen wie auch für die unersättlichen Aus- und Einsperrungsgelüste staatlicher Autoritäten. Der Fortschritt der Zivilisation erscheint ihm als „Dressur" zur Menschlichkeit. „Menschheit" wird zum Inbegriff jener feindlichen Mächte, die die Einzelnen in ihrem Streben nach autonomer Entfaltung blockieren. Der positive Bezugspunkt ist für Stirner der „Unmensch", womit die wirklichen, unberechenbaren, „zügellosen" Menschen bezeichnet sind, die in den philosophischen Begriff des Menschen genausowenig passen wie ins obrigkeitliche Wunschbild des gehorsamen Dieners und treuen Untertanen. Der „Unmensch" verhält sich zum „Menschen" nicht wie das Böse zum Guten, sondern wie die konkrete Vielfalt der Wirklichkeit zur Abstraktheit des Begriffs; der Unmensch ist, wie es Stirner ausdrückt, der „Unnennbare".

Dieser Unnennbare, der den Wissenschaften vom Menschen nicht ins Konzept paßt, dieser Unmensch, der der öffentlichen Gewalt ein Dorn im Auge ist, hat auch Foucault fasziniert,[2] davon zeugt seine Neugier für das „Leben der infamen Menschen", für jene „Gesellschaftsfeinde", die die familiäre Ordnung gestört oder die religiösen und moralischen Überzeugungen ihrer Zeit provoziert haben und die die Geschichte längst vergessen hätte, würden nicht die „lettres de cachet" und die Internierungsregister Kunde geben von ihrer Entmündigung. Nicht die monströsen Helden der französischen Geschichte wie Gilles de Rais, Sade oder Lacenaire, deren Lebenswandel ihnen bei der Nachwelt einen zweideutigen Respekt eingebracht hat, beschäftigen Foucault, sondern die obskuren aber unbedeutenden Leute, die die gesellschaftlichen Normen verletzt haben, die unglücklichen Existenzen, die nur deshalb nicht in der Anonymität versunken sind, weil sie zu einem bestimmten Zeitpunkt ihres Lebens mit der Polizei und der königlichen Autorität in Konflikt geraten sind, sei es als Bittsteller oder als Angeklagte. „Alle diese Leben, die dazu bestimmt waren, unterhalb jedes

Diskurses vorüberzugehen und zu verschwinden, ohne jemals gesagt worden zu sein, haben Spuren – kurze, einschneidende, rätselhafte oft – nur an der Spitze ihrer plötzlichen Berührung mit der Macht hinterlassen können." (1977 a/45)

Wenn dank dieses Zusammenstoßes mit der Macht die Namen – verknüpft mit einigen abschätzigen oder entrüsteten Urteilen – erhalten geblieben sind, ist es doch eine vergebliche Hoffnung, unter den Namen die individuellen Schicksale wiederfinden zu wollen; diese anstößigen und gescheiterten Lebensversuche bleiben unfaßbar, unnennbar. „Die kurzen und gellenden Sprüche, die zwischen der Macht und den unwesentlichsten Existenzen hin und her fahren, sind für diese das einzige Denkmal, das man ihnen je zugestanden hat." In dem kurzen Text, aus dem ich zitiert habe – es handelt sich um den 1977 erschienenen Aufsatz *La vie des hommes infâmes* – geht es um den Zugriff der institutionellen, administrativen und diskursiven Mächte auf das Leben. Vielleicht hat Stirner ähnliche Erfahrungen verarbeitet, als er der Herrschaft der Namen und Begriffe zu entkommen suchte.

Philosophiegeschichtlich bedeutsamer ist der Umstand, daß Stirner wie Foucault den humanistischen Konsens ihrer Zeit radikal in Frage stellen. Gegen Feuerbach, den Verkünder eines atheistischen Humanismus, wendet Stirner ein, sein Menschenbild trage noch immer die Züge der Göttlichkeit. Auch Foucault versteht seinen epistemologischen Antihumanismus als Absage an Feuerbach.[3] Überdies weist er ähnlich wie Stirner den Humanismus zurück als eine Sammlung von Ideologien, die die Individuen zum Machtverzicht auffordern bzw. ihre tatsächliche Machtlosigkeit als ihr moralisches Verdienst, als ihre wahre Freiheit auslegen.

Im Begriff des Subjekts ist die ganze Ambivalenz der humanistischen Lehren festgehalten; gemeint ist sowohl das souveräne Individuum wie der Unterworfene, der Untertan. Die Chancen zur Aufhebung dieser subjektkonstituierenden Unterwerfung und damit zur Befreiung von der humanistischen Bevormundung sieht Foucault einerseits im Klassenkampf mit politischer Zielsetzung, andererseits in der „Destruktion des Subjekts" mittels Überschreitung kultureller Normen (vgl. 1974a, dt./114f). Allerdings spielt die Analyse der die politischen Diskurse beherrschenden humanistischen Philosophien bei ihm eine vergleichsweise geringe Rolle; seine Kritik gilt primär den Humanwissenschaften, die seinem Urteil gemäß genausowenig über die wirklichen Menschen wissen wie die Theologien und Moralphilosophien. „Der Mensch, von dem man uns spricht und zu dessen Befreiung man einlädt, ist bereits in sich das Resultat einer Unterwerfung, die viel tiefer ist als er." (1975a/42) Der Mensch, auf den das Erkenntnisinteresse gerichtet ist, wäre demnach nie allein Objekt der Beobachtung, sondern stets zugleich Effekt der Beherrschung, die Wissenschaften vom Menschen, von der Psychologie bis zur Kriminologie, lediglich Hilfsmittel zur Fabrikation disziplinierter Untertanen.

Die Frage, ob Foucaults Humanismus-Kritik sich derjenigen Heideggers verdankt, ist ziemlich komplex und kann hier nur andeutungsweise diskutiert werden. Nach Heidegger bleibt der Humanismus in einer metaphysischen Auslegung des Menschen befangen; Beispiele dafür sind die Bestimmungen des Menschen als animal rationale, als Subjekt oder als Person. Die Metaphysik vermag den Menschen nur in seiner animalitas zu erfassen, seine humanitas, seine Würde, bleibt ihr verborgen. Lautet also Heideggers Einwand gegen den Humanismus, er achte das Wesen des Menschen zu gering, so scheint Foucaults Kritik der Humanwissenschaften in die gleiche Richtung zu gehen; vermögen diese doch nicht die wirklichen Menschen in den Blick zu bringen, sondern nur die beherrschbaren, verwaltbaren Produkte ausgeklügelter Machttechniken. Doch sollte die Verwandtschaft beider Denker nicht überschätzt werden. Spricht Foucault vom Subjekt, so beschreibt er Menschen mit diszipliniertem Verhalten und verinnerlichten Normen. Heidegger hingegen meint mit diesem Wort den von der unbegrenzten Verfügbarkeit der Welt überzeugten Menschen, der das Seiende mit dem Machbaren gleichsetzt.[4] Gewiß ist Foucault wie Heidegger zutiefst beunruhigt von der „Berechenbarkeit und Einrichtbarkeit alles Lebenden", doch eine Aufforderung zum Rückzug des Menschen aus diesen Festlegungen liegt ihm fern. Er rechnet mit dem historischen Wandel, vertraut auf den politischen Aktivismus sozialer Bewegungen und ruft auf zu einer fröhlichen Bejahung des eigenen Willens zur Macht. Eine solche Haltung bringt ihn eher in die Nähe von Marx und Nietzsche, die Heidegger als Vollender der Metaphysik der Subjektivität gelten, als in jene Heideggers; in dessen Perspektive kann er als Vertreter des metaphysischen Subjektivismus bezeichnet werden, da er von der Veränderbarkeit und Machbarkeit gesellschaftlicher Verhältnisse überzeugt ist.

2. *Die Entdeckung der antiken Ethik*

Angesichts der radikalen Stellungnahmen, die Foucault im Laufe der 70er Jahre abgegeben und in denen er seine kritische Solidarität mit revoltierenden sozialen Bewegungen und Gruppen bekundet hat, angesichts des entschiedenen Antiautoritarismus, der aus diesen Stellungnahmen spricht, ist es nicht abwegig, von einem Foucaultschen Anarchismus zu sprechen. Doch ist eine solche Standortbestimmung auch unter Berücksichtigung von Foucaults „Spätwerk" berechtigt? Handelt es sich bei den zwei Bänden, die er als Fortsetzung der 1976 begonnenen *Geschichte der Sexualität* kurz vor seinem Tod publiziert hat, nicht einfach um eine Gegenüberstellung von antiker Herren- und christlicher Sklavenmoral,[5] bzw. um die Apologie einer Lebenskunst, die einer privilegierten Gruppe vorbehalten bleibt?

Zunächst eine kurze Inhaltsübersicht: Zu Beginn des zweiten Bandes *(L'usage des plaisirs)* wird daran erinnert, daß sich der Gebrauch des Begriffs „Sexualität" zur Kennzeichnung einer epochenübergreifenden Invarianten schlecht eignet, weil er eine kulturspezifische Erfahrung erfaßt, die sich auf die modernen westlichen Gesellschaften beschränkt. Um die These von der historischen Einmaligkeit dieser Erfahrung zu belegen, genügt es nicht, sie als Korrelation einer bestimmten diskursiven Praxis und eines bestimmten Machtdispositivs zu begreifen. Als dritten Forschungsbereich führt Foucault jetzt die Selbsterfahrung der Menschen ein, d. h. die Art und Weise, wie sich die Individuen als Subjekte des Begehrens wiedererkennen. Das sexuelle Verhalten ist insofern von Interesse, als es sich dabei um den bevorzugten Bereich einer steten Selbstbeobachtung und Selbstkontrolle handelt, um den Prozeß der Subjektkonstitution. Anhand der Selbstkonstitution soll die Diskontinuität von heidnischer und christlicher Sexualauffassung dargestellt werden. Foucault sieht einen Unterschied, ob man sich einem moralischen Kodex verpflichtet fühlt, weil man sich einer Autorität unterwirft, die die entsprechenden Gebote und Verbote ausgesprochen hat, oder weil man in der Befolgung der Regeln die eigene Person zu erhöhen weiß.

Die Sexualität – Foucault bleibt trotz seiner Einwände auf das Wort angewiesen – ist für die klassisch-griechische Ethik nichts Sündhaftes, dem mit universellen Verboten und Anweisungen zum asketischen Verzicht zu begegnen wäre. Trotzdem haben wir es nicht mit einer Gesellschaft unbeschränkter sexueller Freiheit zu tun. Die Liebesakte (ta aphrodisia) sind von einer inneren Kraft beherrscht, die zum Exzess neigt und in Schranken gehalten werden muß. Dies ist das Ziel der moralischen Ermahnung, die sich wohlverstanden nur an die Männer richtet. Der rechte Gebrauch der sexuellen Aktivitäten mißt sich an einer Kunst und einer Technik, die den Umgang mit der Lust verfeinern. Die Selbstbeherrschung bzw. die Askese ist zu verstehen als Selbsterhöhung des freien Mannes in der Polis, der seine Macht über sich selbst so gut wie über das ihm Anvertraute zu gebrauchen weiß. Das Ziel jeder moralischen Handlung ist die aktive Freiheit und die ästhetische Gestaltung des eigenen Lebens. Die Unterschiede zwischen der griechischen und der christlichen Sexualethik werden bereits greifbar. Bei der ersteren handelt es sich nicht um eine strikte Kodifizierung sexueller Praktiken, auch nicht um eine Hermeneutik des Begehrens, sondern um eine Stilisierung der Haltung und eine Ästhetik der Existenz.

Die Verhaltensregeln, die den Lusthaushalt ordnen, sind durch die gesellschaftliche Stellung und die Aufgaben des Subjekts vorgegeben, wie Foucault an den Beispielen der Diätetik, der Ökonomik und der Erotik zeigen will. Die Diätetik ist mehr als eine bloße Sammlung von medizinischen Vorsichtsmaßnahmen und Heilungsanweisungen; sie ist eine Lebenskunst, ein Wissen um den richtigen Umgang mit dem eigenen Leib. Dazu gehört eine wohlüberlegte Dosierung der sexuellen Betätigung so gut wie eine vernünftige Ernährung und eine maßvolle Leibesübung. Die Notwendigkeit einer gewissen Einschränkung des Genusses ergibt sich vor allem aus der Angst vor der Schwächung des eigenen Leibes oder aus der Sorge um die Nachkommenschaft.

Das Eheverhältnis wird von Aristoteles im ersten Buch der *Politik* als Teil der Haushaltungskunde (Ökonomik) abgehandelt – neben dem Verhältnis vom Vater zum Kind und jenem vom Herrn zum Sklaven. Die Ehe ist mithin eine Herrschaftsbeziehung; die Rechte und Pflichten der Partner sind nicht symmetrisch verteilt. Allerdings sollte sich der Mann aus Rücksichtnahme auf seine Verantwortung als Hausvater gewisse Beschränkungen in seinem Liebesleben auferlegen. Die Verwaltung des Hauses gilt als Schule für die Politik; der Mann bildet seine Fähigkeiten in der Kunst des Leitens und Befehlens aus, zugleich wird er zum Erzieher seiner Frau, die er als Mitarbeiterin für die Erledigung seiner häuslichen Angelegenheiten herbeizieht. Der Zweck der sexuellen Mäßigung des Mannes ist in Foucaults Augen die Übung in der Kunst des Regierens.

Die Knabenliebe gibt ebenfalls Anlaß zu moralischen Reflexionen. Dabei geht es nach Foucault keineswegs um die Natürlichkeit bzw. Widernatürlichkeit einer gleichgeschlechtlichen Beziehung, sondern um den Umstand, daß ein künftiger freier Mann zum Liebesobjekt eines anderen Mannes wird. Im Gegensatz zur Diätetik und Ökonomik steht in der Erotik die Achtung der Würde und Freiheit des Anderen auf dem Spiel. Diese gegenseitige Achtung ist nur unter freien Männern möglich. Damit erst gerät die Liebesbeziehung als eigenständiger Wert in den Blick. Die Schwierigkeit dabei ist im „Isomorphismus zwischen sozialen und sexuellen Beziehungen" zu sehen. So gut wie die sozialen werden die sexuellen Relationen ausschließlich als Strategien von Herrschaft und Unterwerfung gedacht, die auch das Verhältnis zwischen einem Mann und einem Jüngling bestimmen. Das ethische Problem ist also folgendes: Wie kann der Jüngling, zum Lustobjekt erniedrigt, trotzdem in seiner Qualität als künftiger Polis-Bürger bestätigt oder erhöht werden? Als potentiell freier Mann hat er Anrecht auf eine Gegenleistung; das Ehrenhafte und moralisch Wertvolle der Knabenliebe ist, daß sie die Keimform der Freundschaft werden kann.

Die gewissenhafte Suche nach einer letztlich unmöglichen Symmetrie in der Liebe, wie sie durch die Homoerotik aufgegeben ist, führt – so Foucaults Schlußthese – zu einer Reihe von Verlagerungen, die besonders prägnant in Platons *Symposion* beobachtet werden können. Die Liebe wird zum Wert an sich, dessen Wesen zu ergründen ist (*Symposion* 201 d), und zwar in der Frage nach dem Liebenden, nicht mehr nach dem Geliebten (204 c). Dieser Perspektivenwechsel impliziert eine Neubestimmung des Liebenswerten; bedeutsamer als der Übergang vom Körper zur Seele ist jener vom einzelnen Schönen zur Idee des Schönen (210 a ff). Der gemeinsame Bezug zur Erkenntnis des Schönen und zur Wahrheit ermöglicht endlich die in der Liebespraktik nie zu realisierende Gleichheit zwischen den Partnern. Doch mehr noch als um einen Ausgleich handelt es sich um einen veritablen Umsturz der Verhältnisse, die in den Schlußworten von Alkibiades' Rede über Sokrates (222 b) zum Ausdruck kommt: Sokrates werfe sich vom Liebhaber zum Liebling auf. Mit anderen Worten: Nicht mehr der schöne Leib des Jünglings ist Gegenstand des Begehrens, sondern die Weisheit des Meisters. Das historische Paradox, das Foucault am Ende seiner Untersuchung entdeckt, liegt darin, daß die Knabenliebe – auf den ersten Blick Beweis der sexuellen Freiheit der Griechen – Anlaß zu einer moralischen Besinnung gegeben hat, zur Abwendung von einer Ethik des maßvollen Vergnügens zugunsten einer Ethik der Enthaltsamkeit und der Selbstprüfung. Für diesen ethischen „Paradigmenwechsel" steht der platonische Eros.

Der dritte Band *(Le souci de soi)* – er behandelt die ersten Jahrhunderte der neuen Zeitrechnung – beginnt mit einer Ana-

Der Feind in mir; Triebe

lyse von Artemidors *Traumschlüssel.* Obwohl hier eine Auslegung sexueller Träume vorliegt, wird der sexuelle Akt an sich nie zum Problem. Der Traum ist signifikant für das soziale Leben, seine Bilder – es ist daran zu erinnern, daß sich die Bewertung sexueller Aktivitäten am männlichen Modell der Penetration und der Hierarchisierung der Partner ausrichtet – geben dem freien Mann Verhaltensanweisungen für den familiären, ökonomischen und politischen Alltag; sie widerspiegeln die Machtrelationen, in denen er sich behaupten muß.

In der römisch-imperialen Zivilisation entfaltet sich laut Foucault eine „Kultur des Selbst". Diese Form des Individualismus, wie sie besonders stoische Autoren vertreten, unterscheidet sich zwar auf den ersten Blick nicht von der „Aesthetik der Existenz", wie sie die Griechen angestrebt und gepflegt haben. Doch es macht den Anschein, als sei die neue Lebensauffassung vorsichtiger, ja ängstlicher geworden. Ehemals galten die Triebe als zu bändigende Kraft, in deren Überwältigung der Mann seine Fähigkeit zu herrschen unter Beweis stellen konnte; jetzt hingegen erscheinen sie als fremde und bedrohliche Gewalten, die den Menschen in seiner Seelenruhe beeinträchtigen und vor denen er sich in Acht nehmen muß, zum Beispiel mit Hilfe der Gewissensprüfung. Foucault konstatiert ein steigendes Mißtrauen den sexuellen Vergnügen gegenüber, eine Flucht in den rein geistigen Genuß und ein erstes Aufkommen universeller Verhaltensregeln.

Die Ehe nimmt in der hellenistischen und römischen Zivilisation einen anderen Platz ein als in der klassisch-griechischen. Von einer privaten wird sie zunehmend zu einer öffentlichen Institution, die sich auf weite Bevölkerungskreise ausdehnt. Die Eheschließung ist nicht mehr ausschließlich von ökonomischen und politischen Erwägungen bestimmt. Sie trägt jetzt mehr den Charakter einer aus freien Stücken eingegangenen Bindung, in welcher der Status der Frau aufgewertet wird, wenn auch keinesfalls von einer Gleichheit der Geschlechter die Rede sein kann. Für die Männer zumindest hat die Ehe als Beziehung, in der eine gewisse Gegenseitigkeit zwischen den Partnern gefordert wird, an Bedeutung gewonnen.

Ein anderer Faktor, der das männliche Selbstbewußtsein modifiziert hat, ist der Wandel der politischen Öffentlichkeit. Die gängige Ansicht von der zunehmenden Ohnmacht und dem politischen Desinteresse der Bürger angesichts einer anonymen Verwaltung wird zurückgewiesen. Zwar rufen die Denker dazu auf, die Aufmerksamkeit auf die eigene Seelenführung zu lenken, aber diese Selbstbesinnung ist als notwendige Grundlage der politischen Praxis zu verstehen, als Beweis der Fähigkeit, sich mittels der eignen Vernunft selbst regieren zu können.

Im weiteren Verlauf der Untersuchung orientiert sich Foucault erneut am Schema der drei Verhaltenstechniken, die die Beziehung zum eigenen Leib, zur Ehefrau und zu den Knaben regeln. Ähnlich wie die Philosophie läßt sich die Medizin als Anleitung zum richtigen Leben verstehen, die ihren Zweck dann am besten erfüllt, wenn sie die Autonomie, die Selbstverantwortlichkeit des Klienten fördert. Ihre Sorge gilt dem Liebesakt in besonderem Maße, der, lebenswichtig zwar, doch äußerst gefahrvoll und verlustreich erscheint – nach wie vor geht es um den Mann, das „spermatische Tier" – und damit in den Verdacht der Krankheit gerät. Um diesen Gefahren vorzubeugen, wird ein sorgfältiger Umgang mit der Lust empfohlen. Dem Diätgebot muß sich insbesondere die Seele als Ort des Begehrens und der Phantasie fügen und sich der natürlichen Vernunft des Körpers unterwerfen. Falsch wäre es allerdings nach Foucault, diese Sexual-Diätetik in ihrer Bedeutung zu überschätzen. Trotz offensichtlicher Analogie zur christlichen Sexualethik dürfen die grundlegenden Differenzen nicht übersehen werden; die sexuellen Vergnügen sind noch nicht die Quelle alles Bösen, sondern lediglich mögliche Krankheitsherde.

Die Wandlungen in der Auffassung der Ehe sind bereits erwähnt worden. In dem Maße, wie es als Gebot der Natur und als universelle Pflicht propagiert wird, erscheint das Leben zu zweit als eine Einheit, die nun ihrerseits zum Thema der ethischen Reflexion wird. Im Gegensatz zu Platon, der die Ehe dem Zweck des Staatsganzen unterordnet, im Gegensatz auch zum Christentum, in dem die sexuellen Beziehungen schlechthin mit dem Makel der Erbsünde behaftet sind, geht es in der stoisch inspirierten Sexualmoral um eine Ethik der Selbstverwirklichung, die in der Gemeinsamkeit der Ehegefährten stattfindet, um eine im Prinzip allen Menschen offene Ästhetik der Existenz.

Im Gegensatz zur Ehe hat die Knabenliebe an philosophisch-moralischem Interesse verloren. Die Liebe des Mannes zum Jüngling wird zwar weiterhin akzeptiert und als eine bestimmte Lebensweise diskutiert. Doch sie ist nicht mehr der bevorzugte bzw. einzige Bereich der Erotik. In der Liebesliteratur taucht das Ideal einer neuen Erotik auf – Heliodors *Äthiopische Abenteuer* geben ein schönes Beispiel –, die auf einer symmetrischen und reziproken Beziehung von Mann und Frau in der Ehe beruht.

Die Grundthese von Foucaults Studie kann nun formuliert werden: Die moralischen Vorschriften haben sich im Laufe der Zeit kaum merklich verändert; wendet man sich hingegen der Frage zu, auf welche Weise und mit welcher Absicht sich die Menschen diese Regeln angeeignet haben, werden die Diskontinuitäten sichtbar. Die Forderungen nach Selbstbeherrschung und strenger Triebkontrolle haben in der griechischen Polis einen ganz anderen Stellenwert als in der christlichen Kirche. Sie sind nicht in einem universellen Gesetz begründet, dem sich alle unterordnen müssen. Es handelt sich um Maximen, deren Befolgung dem Einzelnen überlassen bleibt, und die dazu dienen, dem Leben eine edlere, vollendetere Form zu verleihen. Es wäre verfehlt, darin eine zeitlose Funktion der Repression ausmachen zu wollen. Die moralische Reflexion über das sexuelle Verhalten ist nicht in der Verinnerlichung allgemeingültiger Verbote begründet; die Regeln, die sie aufstellt, sind Empfehlungen für eine optimale Gestaltung der Freiheit, für ein lustvolles Spiel mit der Macht, welches, wie Sokrates gegen Kallikles geltend macht, mit einer philosophischen Besinnung einhergehen muß. Aufgerufen, auf sie zu hören, ist jedoch nur eine kleine Bevölkerungsgruppe von freien, männlichen Erwachsenen.

Die hellenistisch-römische Ethik, in deren Zentrum die stoische Moralphilosophie steht, ist verschiedentlich als Vorläuferin des Christentums interpretiert worden – laut Foucault zu Unrecht. Was sie vom klassisch-griechischen Aristokratismus unterscheidet, ist die Abwendung vom Ideal der Herrschaft über sich selbst und die Anderen. Was sie mit ihm gemeinsam hat, ist die Anstrengung, die volle Souveränität des Individuums herzustellen und zu bewahren. Darin unterscheidet sie sich schließlich von der späteren Moral, trotz einer offensichtlichen Analogie bezüglich der Verhaltensvorschriften. Die christliche Moral definiert neue Formen der Beziehung zu sich selbst: Die körperliche Lust erinnert an die Erbsünde; gefordert wird die Unterwerfung unter ein allgemeingültiges Gesetz, in dem Gottes Wille zum Ausdruck kommt; die Arbeit an sich selbst impliziert eine reinigende Hermeneutik des Begehrens; Ziel der moralischen Besinnung schließlich ist die Selbstverleugnung. Mit dieser knappen Skizze der christlichen Selbstkonstitution endet Foucaults Arbeit. Auf den kürzesten Ausdruck gebracht, läßt sich deren Ergebnis wie folgt formulieren: Die antike Ethik beruht auf der Selbstbestimmung des Einzelnen, sofern er Mitglied der privilegierten Oberschicht ist, die christliche dagegen auf der Fremdbestimmung Aller.

3. Von der Geschichte der Ethik zur Kritik der modernen Politik

Renate Schlesier hat die Abhandlungen zur antiken Sexualethik als Foucaults konservativste Werke bezeichnet. Die Begegnung mit antiken Liebestheorien sei für ihn einer Offenbarung gleichgekommen. „Es ist, als fühle er sich in ein Zeitalter vor dem Sündenfall ... versetzt." Die „rückwärtsgewandte Utopie", in welcher das Subjekt nicht Untertan einer zentralisierten Staatsgewalt ist, sondern kraft Selbstbeherrschung seine Freiheit verwirklicht, werde der Moderne als Bild einer möglichen Alternative entgegengehalten. Die Pointe bei Foucault sieht Schlesier darin, daß er Partei nimmt für eine „heidnisch-virile", gegen eine „christlich-weibische" Ethik und im gleichen Zug die moralische wie physische Schwäche der Frau mit exzessiver sexueller Lust identifiziert (Schlesier 1984). Diese Kritik ist nicht ohne weiteres von der Hand zu weisen. Allerdings ist sich Foucault durchaus der Tatsache bewußt, daß er sich mit einer reinen Männermoral befaßt, in welcher die Frauen nur als passive Objekte der Lust figurieren oder allenfalls als zu überwachende und zu erziehende Partnerinnen in Betracht kommen.

Eine andere Frage ist, ob Foucault die griechische Antike tatsächlich als verlorenes Paradies empfindet. In einem Interview, das er 1984 mit Dreyfus und Rabinow geführt hat, verneint er ausdrücklich die Frage, ob die antike Ethik eine plausible Alternative für die Gegenwart biete. Auch er versteht sie als Ausdruck einer männerbeherrschten Gesellschaft, als ein Denken, das die Hierarchie zwischen den Menschen, den Ausschluß und die Asymmetrie bestätigt (vgl. 1984 dt./71 ff). Bei einer anderen Gelegenheit hat er gar erklärt, die Antike scheine ihm ein „tiefer Irrtum" zu sein; heute gehe es nicht um die Propagierung eines vorbildlichen Lebensstils, sondern um die Suche nach möglichst verschiedenen Arten der Lebensgestaltung (vgl. 1984i).

Eine der interessantesten Kritiken, die bisher zu Foucaults „Entdeckung der Griechen" geschrieben worden sind, stammt von Mario Vegetti (in: *Critique* 1986). Foucault, der die Formen der Macht in der Moderne analysiert habe, bleibe gegenüber jenen der Antike blind; die Freiheit der Griechen werde von ihm überbewertet. Gegenstand der Forschung müßten nach Vegetti die spezifischen Machtwirkungen sein, die beispielsweise vom Heros, vom sozialen Status, vom Geschlecht oder von der Polis ausgehen, aber auch die anonyme Macht der philosophischen Lehren von Parmenides bis zu Aristoteles, ihre möglichen Verbindungen mit der politisch-sozialen Welt. Das Bild, das Foucault von der Antike gebe, basiere auf einem pazifizierten, entpolitisierten Platonismus. Maria Daraki wirft Foucault umgekehrt eine Überbewertung des Politischen vor; die von ihm verfochtene Idee eines Isomorphismus zwischen sexuellen, sozialen, moralischen und politischen Beziehungen hält sie für absurd (vgl. Daraki 1985).

Vielleicht erklärt sich Foucaults spätes Interesse für die antike Philosophie aus dem Verlangen, unter den determinierenden Konstellationen von Wissen und Macht doch noch die Chancen der Spontaneität zu entdecken. In einem Gespräch, das er im Januar 1984 geführt hat (vgl. 1984e), gibt er einen schematischen Überblick über seine Begriffe von Macht und Freiheit, Herrschaft und Befreiung. Jede Gesellschaft ist von Machtbeziehungen durchdrungen. Werden diese starr und irreversibel, d. h. von einer sozialen Gruppe mit Hilfe ökonomischer, militärischer und politischer Mittel blockiert, läßt sich von Herrschaft sprechen. Befreiung meint Abschaffung von Herrschaft, Verflüssigung von Machtstrukturen. Als Bedingung eines wünschenswerten sozialen Zustandes ist sie notwendig, aber nicht hinreichend. Auf die Befreiung muß die positive Entfaltung, die Erfindung von Freiheitspraktiken folgen. In der vorchristlichen Zeit ist die „Selbstsorge" bzw. die Selbsterkenntnis zentrales Element einer Freiheitspraktik. Freiheit wird gemäß einem politischen Modell als Gegensatz zur Sklaverei definiert, die sowohl von seiten anderer Menschen wie auch von seiten der eigenen Triebe und Leidenschaften droht. Freisein heißt demnach, Macht über sich selbst und über andere besitzen. Unter Macht ist das Verhalten eines Menschen zu verstehen, mit welchem er das Verhalten anderer Menschen zu beeinflussen trachtet. Macht setzt Freiheit voraus; Machtrelationen sind „strategische Spiele zwischen Freiheiten"; kurz: Macht und Freiheit bedingen sich gegenseitig. Je freier die Menschen sind, desto besser vermögen sie Machtstrukturen zu kontrollieren, ihre Auswirkungen zu beschränken, ein Umschlagen in Herrschaft zu verhindern, desto mehr wird umgekehrt Macht zum lustvoll-attraktiven Spiel.

Auch wenn die anarchische Vision, die Foucault hier zeichnet, durchaus sympathisch anmutet, stellen sich doch einige Fragen. Handelt es sich beim Terrainwechsel, den er mit seinen letzten zwei Büchern vorgenommen hat, tatsächlich um eine Bereicherung seines Forschungsgebiets? Im Gespräch mit Dreyfus und Rabinow hat er sich dazu kurz erklärt: „Drei Gebiete von Genealogie sind möglich. Erstens, eine historische

Ontologie unserer selbst in bezug auf die Wahrheit, über die wir uns als Erkenntnissubjekte konstituieren. Zweitens, eine historische Ontologie unserer selbst in bezug auf das Machtfeld, über das wir uns als Subjekte bestimmen, die auf andere einwirken. Drittens, eine historische Ontologie in bezug auf die Ethik, über die wir uns als moralisch Handelnde konstituieren." (1984, dt./82) Was bei diesen Formulierungen auffällt, ist das vertraute „wir". Wir konstituieren uns als Erkenntnissubjekte, als Machtausübende und als moralisch Handelnde. In früheren Werken ist die Rede gewesen von feindlich-anonymen Ordnungsstrukturen, Wissensformen und Kontrollsystemen, denen die Menschen ausgeliefert sind. Jetzt sind wir selbst die verantwortlichen Akteure. Ist Foucault zu guter Letzt zur bislang erbittert bekämpften Idee vom souveränen Subjekt zurückgekehrt? Er hat es zwar bestritten (vgl. 1984e/106f; 1984, dt./137f), zugleich aber eingeräumt, daß die Konstitution Ergebnis sowohl einer Unterwerfung als auch einer Befreiung sein kann. Mehr noch: Selbst die Unterwerfung, bisher mit der Vorstellung von Zwang verbunden, wird jetzt als spontaner Entscheid gedeutet. Der unerbittliche Determinismus ist offensichtlich der Überzeugung von einer ursprünglichen Freiheit gewichen. Aber läßt sich eine Kultur denken, in welcher Selbstbeherrschung, Triebunterdrückung und die Übernahme von Verhaltensnormen ausschließlich auf bewußter Wahl, nicht auch auf Zwang, Anpassung und Fremdbestimmung beruhen? Es macht den Anschein, als sei Foucault hinter die von der Psychoanalyse erarbeitete differenzierte Theorie der Ichbildung zurückgefallen. Auch der Historische Materialismus wird verabschiedet: „Ich denke, daß wir uns von der Vorstellung freimachen müssen, daß eine notwendige oder analytische Verbindung zwischen der Ethik und den sozialen, ökonomischen und politischen Strukturen besteht." (1984, dt./80)

Foucault ist sich zwar bewußt, daß die griechische Gesellschaft auf starren Herrschaftsformen beruht. Doch sind es nicht eben diese Herrschaftsformen, die die großzügige Freiheitsethik einer kleinen Oberschicht ermöglicht haben? Verfällt Foucault nicht einer naiven Idealisierung, wenn er von verantwortlicher Macht über andere Menschen spricht, von einer Sorge um die anderen, die doch weitgehend bloßer Ausdruck der Herrschaft privilegierter Männer über Frauen und Sklaven ist? Wenn Aristippos, auf seine Beziehung zur Hetäre Laïs angesprochen, erklärt, er sei ihr Herr, nicht ihr Knecht (Diogenes Laertius II, 75), so will er damit ausdrücken, daß er seine Triebe meistert und nicht von ihnen abhängig ist. Seine Worte können jedoch auch interpretiert werden als Zeugnis einer Abwehrhaltung oder als selbstherrliche Affirmation einer privilegierten Stellung.

Gegen Foucaults Deutung der antiken Ethik läßt sich manches einwenden. Die zwei Bände über die antike Sexualmoral sind allerdings nur das sichtbare Ergebnis einer vielschichtigen Arbeit, von der wichtige Teile kaum an die Öffentlichkeit gelangt sind. Foucaults Interesse hat zunächst nicht der antiken, sondern der christlich-patristischen Sexualmoral gegolten, ihr wäre der geplante vierte Band – *Les aveux de la chair* – gewidmet gewesen. Im Verlauf der Studien hat sich der Umweg über die Antike aufgedrängt (vgl. 1984i). Das Mißtrauen den Trieben gegenüber ist älter als das Christentum. Doch die Motive dieses Mißtrauens, so meint Foucault, sind andere gewesen als im Christentum. Wenn das zutrifft, wenn die Sorge um den Lusthaushalt in der Antike tatsächlich nur von ästhetischen Gesichtspunkten geleitet ist, so wäre ein Ausweg gefunden aus dem von Foucault beschriebenen System christlich-humanistischer Fremdbestimmung. Er selbst scheint freilich diesem Ausweg nicht recht getraut zu haben; die Wiederentdeckung eines verlorenen Paradieses ist nie das Ziel seiner Arbeit gewesen.

Wenn sich Foucaults Interessen seit den späten 70er Jahren immer stärker in die Vergangenheit verlagert haben, heißt das nicht, daß der Gegenstand seiner Forschungen ein anderer geworden ist: Noch immer beschäftigen ihn primär Probleme der Machtausübung. Die Untersuchungen zur antiken und frühchristlichen Sexualmoral sind Vorarbeiten für die Analyse spezifischer Formen der modernen Politik. Nietzsche hat im Versuch, die europäische Gesellschaft des 19. Jahrhunderts zu verstehen und zu kritisieren, einen Gegensatz konstruiert zwischen dem „jüdisch-christlich-demokratischen" Ideal des „Herdenglücks" und dem griechischen Ideal des schöpferischen Menschen. Foucault hat sich offenbar von dieser ideologisch keineswegs harmlosen Typologie inspirieren lassen (vgl. 1981 b). Das Christentum ist für ihn hauptsächlich deshalb von Belang, weil es einer Theorie und Praxis der Pastoralgewalt zum Durchbruch verholfen hat. Das Seelsorgeamt des christlichen Priesters impliziert ein Abhängigkeitsmodell, das sich am Bild von Hirt und Herde orientiert. Dieses Machtverhältnis ist individualisierend, d. h. der Priester muß sich um das Schicksal jedes einzelnen seiner Schutzbefohlenen kümmern. Von diesen wird die Unterwerfung unter den Willen des allmächtigen Vaters gefordert, Entsagung der diesseitigen Welt und Verzicht auf die eigene Individualität.

Das frühchristliche Modell der Seelsorge hat sich im Verlauf des Mittelalters kaum behaupten können, in der Neuzeit jedoch – so Foucaults These – setzt sich eine Machttechnologie durch, die gemäß diesem Modell funktioniert. Foucault führt in diesem Zusammenhang den Begriff „gouvernementalité" ein (vgl. 1978 c); gemeint ist die Regierungskunst eines Staates, der nicht mehr nur Recht spricht und ein Territorium behütet, sondern gestützt auf ein ökonomisches Wissen die Bevölkerung kontrolliert und verwaltet. Ein wichtiger Bestandteil dieser neuen Regierungskunst ist die „Polizeiwissenschaft".[6] Ihr Gegenstand ist der Lebensalltag der Menschen, ihre Moral, ihre Gesundheit, ihre Verkehrsmöglichkeiten, ihre Vergnügungen, ihre wirtschaftlichen Aktivitäten.

Zusammenfassend läßt sich sagen: Foucaults Beschäftigung mit der Polizeiwissenschaft und der Regierungskunst des 17. und 18. Jahrhunderts, mit den Problemen der kirchlichen Seelsorge und mit den Ursprüngen der christlichen Sexualmoral fügt sich ein in das Projekt einer Genealogie der Humanwissenschaften.

Wie sich diese Genealogie mit einer anarchistischen Strategie verbindet, zeigt ein Essay, den Foucault für das Buch von Dreyfus und Rabinow verfaßt hat. Es geht darin um Machtbeziehungen, die analysierbar sind aufgrund von Widerstandsaktionen. Als Beispiele wählt Foucault eine Reihe von Oppositionsbewegungen: jene gegen die Macht der Männer über die Frauen, der Eltern über die Kinder, der Psychiater über die Geisteskranken, der Medizin über die Bevölkerung, der Verwaltung über den Lebensalltag. Im Widerstand gegen diese Herrschaftsformen entfalten sich anarchische Kämpfe, die die Monopolisierung des Wissens durch soziale Gruppen und die daran gebundenen Kompetenzansprüche in Frage stellen und sich gegen die ökonomische und ideologische Staatsgewalt wie gegen die wissenschaftliche und administrative „Inquisition" wehren, welche in abstrakter Manier die Identität der Menschen bestimmen, ihre Individualität leugnen und damit spontane gesellschaftliche Organisationsformen verhindern. Foucault spricht in diesem Kontext von Kämpfen gegen die Subjektivierung („luttes contre l'assujettissement, contre les diverses formes de subjectivité et de soumission"), die er neben jene gegen die Ausbeutung und gegen die Herrschaft stellt. Diese Kämpfe korrelieren als Widerstandsbewegungen mit einer neuen Form der politischen Gewalt, mit dem neuzeitlichen Staat, der wie erwähnt auf der Integration des pouvoir pastoral beruht. Die Pastoralmacht wirkt gleichzeitig totalisierend und individualisierend: Einerseits organisiert sie die Leitung der Gemeinschaft, andererseits isoliert sie die Individuen, um ein möglichst präzises Wissen über sie zu erstellen, das die Kontrolle erleichtert. Ähnlich der Kirche bemühen sich der Staat bzw. die in ihm koordinierten Apparate um eine lückenlose Erfassung der Individuen wie der Gesamtheit der Bevölkerung, wie Foucault am Beispiel der Gesundheitskontrolle zeigt[7] (vgl. 1984c).

Der Essay endet mit einem leidenschaftlichen Aufruf. Den neugierigen Blicken der politischen und wissenschaftlichen Menschenverwaltung müssen wir uns entziehen, ihre gewaltsamen und voreiligen Identitätszuschreibungen von uns weisen und in den Untergrund der Namenlosigkeit hinabtauchen, um die ungeahnten und vielfältigen Möglichkeiten unserer Existenz neu zu entdecken.

VIII. Die Ethik der Intellektuellen

In den 60er Jahren hat Foucault sein Unternehmen als eine Ethnologie der eigenen Kultur und ihrer Rationalität verstanden. Im Prinzip ist der Versuch, die Grenzen der eigenen Kultur, Moral und Zivilisation zu überschreiten, nicht mit politischen Wertsetzungen verknüpft. Nietzsches Typus des Freigeistes beispielsweise, der seine Gesellschaft aus Distanz betrachtet, der den Glauben an ihre Gesetze und Einrichtungen verloren hat, folgert daraus nicht unbedingt, diese Ordnung sei zu reformieren oder umzustürzen; er kann durchaus der Ansicht sein, der Glaube der „gebundenen Geister" an Sitte und Herkommen und damit die Erhaltung der Ordnung seien nötig. Foucault hat zwar in den 60er Jahren von den politischen Zielsetzungen seiner Arbeit gesprochen, doch anscheinend hat erst die Revolte von 1968 es ihm ermöglicht, diese zu konkretisieren.

In einem häufig zitierten Gespräch, das Foucault 1972 zusammen mit Gilles Deleuze über die politischen Aufgaben der Intellektuellen geführt hat, werden zwei mögliche Wege der Politisierung der Intellektuellen miteinander konfrontiert. Gemäß einer verbreiteten Auffassung ist der Intellektuelle im Besitz einer politisch wertvollen Wahrheit, er kennt die verborgene Logik der Geschichte. Sein Auftrag ist es, dieses Wissen den anderen mitzuteilen und jenen Unterprivilegierten zum Ausdruck zu verhelfen, die nicht in ihrem eigenen Namen sprechen können. Laut Foucault haben die Ereignisse seit 1968 jedoch bewiesen, daß die Massen über ein vollständigeres und deutlicheres Wissen bezüglich ihrer eigenen Situation verfügen als die Intellektuellen, und daß sie es auch aussprechen können. Allerdings ist in der bestehenden sozialen Hierarchie ein Machtsystem wirksam, das dieses Wissen und dieses Sprechen blockieren kann. Die Intellektuellen sind ihrerseits Träger des

Machtsystems, sie können mithin nur dort gegen die Macht kämpfen, wo sie gleichzeitig deren Objekte und deren Instrumente sind. Sobald sie dieser Situation Rechnung tragen, wird ihre Arbeit zu einer regionalen Praxis, die auf einem bestimmten Kampffeld die Machtwirkungen zu unterwandern oder zu verstärken sucht (in: 1974a, dt.). Diese Kritik gilt der in den marxistischen Parteien vorherrschenden Auffassung von der Führungsfunktion der Intellektuellen, wie sie in den Organisationsvorstellungen von Kautsky, Lenin und Lukacs zu finden ist. Weniger klar ist, ob damit auch Sartre getroffen werden soll. Was ihn als Existentialisten interessiert, ist ja genau die Entscheidung, die einen Menschen, der sich als Element eines Machtspiels weiß, dazu bringt, anders zu handeln als von ihm erwartet wird. Sartre ist übrigens nach Foucaults eigenem Urteil „ein Philosoph im modernsten Sinn des Wortes, da sich für ihn die Philosophie wesentlich auf eine Form der politischen Aktivität reduziert." (1974a, dt./21)

Wenn die Rolle des Intellektuellen nicht mehr im Erteilen von Ratschlägen oder gar in der Angabe von Zielen und Werten besteht, sondern in der Informationsbeschaffung, wenn also unterstellt wird, daß er kraft seines Wissens in der Lage ist, auf undichte Stellen im Machtgefüge hinzuweisen, so ist dabei offensichtlich an spezielle Berufsgruppen zu denken, deren Arbeit mit einer institutionellen Kompetenz verbunden ist; Ärzte und Psychiater sind für Foucault naheliegende Beispiele. Philosophen scheinen hingegen von politisch geringem Nutzen zu sein; Foucault hat sich in den frühen 70er Jahren schlecht mit seinem Beruf abfinden können und davon geträumt, ein Werkzeughändler und Waffenschmied zu sein, dessen Bücher dazu beitragen könnten, Machtsysteme zu sprengen.

Der Philosoph oder Schriftsteller, der sich als Repräsentant der Allgemeinheit, als Bewußtsein oder Gewissen des Volkes, als Träger der Wahrheit und der Gerechtigkeit versteht, entspricht bei Foucault dem Typus des „universellen Intellektuellen". Ihm stellt er den „spezifischen Intellektuellen" gegenüber, der seine Kompetenz als wissenschaftlicher Experte dort einsetzen kann, wo er direkt mitbetroffen ist, und der auf die politi-

Abb. 5: Foucault und Satre (im Bild) protestieren zusammen mit Claude Mauriac, Jean-Claude Passeron und Jean Genet aus Anlaß der Ermordung eines jungen Algeriers in Paris gegen rassistische Praktiken in Frankreich, November 1971. (Fotolib.)

schen und sozialen Auswirkungen seiner eigenen, meist wenig bekannten Tätigkeit aufmerksam machen kann. In diesem Kontext erhält der Begriff der Genealogie eine besondere Bedeutung. Foucaults eigene Arbeit gibt einen Eindruck davon, wie in jüngerer Zeit nicht bloß Ideologien, sondern wissenschaftlich legitimierte Praktiken und Institutionen kritisierbar geworden sind. Eine solche Kritik basiert auf einem historischen Wissen um Fakten und Ereignisse, die die Etablierung einer Wissenschaft ermöglicht haben, die aber eine funktionalistische Betrachtungsweise vergessen möchte, sowie auf einem lokalen Wissen der unmittelbar Betroffenen – im Fall der Klinik also der Patienten, des Pflegepersonals, aber auch der Ärzte, insofern ihre praktischen Erfahrungen in die wissenschaftliche Theorie nicht eingehen –, das gemessen an den anerkannten Normen der Wissenschaftlichkeit als unqualifiziert gilt. In beiden Fällen handelt es sich für Foucault um „unterworfene Wissensarten", deren Rehabilitierung und deren Aufstand die Genealogie unterstützen soll. Der Aufstand richtet sich gegen die „zentralisierenden Machtwirkungen" der institutionalisierten Wissenschaften, wohlverstanden nicht im Namen der Ignoranz, der Verweigerung von Wissen, sondern im Namen einer Demokratisierung von Wissen (vgl. 1978, dt./55ff).

Es stellt sich die Frage, welche politischen und ethischen Werte dieser intellektuellen Tätigkeit zugrunde liegen. Foucault ist wie kaum ein anderer zeitgenössischer Denker in den Verdacht des Nihilismus geraten. Das bereits zitierte Gespräch mit Paola Caruso ist einer der ersten Texte, der in dieser Hinsicht Aufschluß gibt. Foucault spricht sich entschieden gegen die Hoffnung aus, der Humanismus könne politischen Programmen als normative Grundlage dienen; nicht nur fehle ihm jede wissenschaftliche Legitimation, längst sei er auch schon zur gemeinsamen und daher weitgehend unverbindlichen Referenz aller herrschenden Ideologien christlicher, stalinistischer oder technokratischer Ausrichtung geworden. Ohnehin kämen auf der Ebene der Politik die Menschen mit ihrem Glücksstreben gar nicht vor. Foucault denkt an die Möglichkeit einer linken Politik, „die ohne all diese konfusen humanistischen Mythen auskommt. Ich glaube, daß sich das Optimum gesellschaftlichen Funktionierens definieren läßt, und zwar aufgrund einer bestimmten Beziehung zwischen dem Bevölkerungswachstum, dem Konsum, der individuellen Freiheit, der Möglichkeit von Freude für einen jeden, und ohne Berufung auf die Idee des Menschen." (1974a, dt./28) Selbst wer nicht an einen der Menschheit vorgegebenen Zweck glaubt, wird sich nur schwer mit diesem kaum verhüllten Funktionalismus zufriedengeben. Beschränkt sich Politik auf die Kontrolle einer als Organismus verstandenen Gesellschaft, ist der Weg zu technokratischen Phantasien nicht weit. Was auffällt an diesem Text: Formuliert wird eine Politik „von oben", Foucault spricht aus der Perspektive der Wirtschaftsverwalter.

In den 70er Jahren dagegen betrachtet er die Gesellschaft gleichsam von der Basis her. Diese Basis – es handelt sich weniger um die unterprivilegierten Klassen als um die diskriminierten Randgruppen – darf jedoch nicht als Ort der reinen Revolte, der moralischen Empörung gegen eine korrupte Gesellschaft mystifiziert werden. Foucault hat sich verschiedentlich gegen eine „naturalistische" Deutung seiner Bücher gewehrt; eine Gegenüberstellung der bösen Macht mit dem Guten und Unverfälschten, mit der ursprünglichen Reinheit der Natur verfehle das Problem. Die These, man könne nie endgültig mit der Macht brechen, impliziert trotzdem keine fatalistische Resignation, die jede politische Initiative für sinnlos erklärt. Foucault erwägt sogar, ob man nicht von einer „Plebs" sprechen könne, die die Machtwirkungen begrenzt (1978, dt./204f).

Das wohl radikalste Bekenntnis zu einem aktiven Nihilismus findet sich in zwei Diskussionen, die Foucault zu Beginn der 70er Jahre mit Noam Chomsky und mit französischen Maoisten geführt hat. Im Gespräch mit den Maoisten bekundet er sein Mißtrauen angesichts der damals erwogenen Idee eines Tribunals. Der Glaube an eine neutrale Gerichtsinstanz, die jenseits der Macht bzw. über den kämpfenden Klassen steht und eine ideale Gerechtigkeit repräsentiert, sei illusionär (vgl. 1972). Was er hier vertritt, kann als anarchistische Version des von Nietzsche beschriebenen aktiven Nihilismus bezeichnet werden. Dieser wird als Zeichen gesteigerter Macht verstanden und geht mit der Lösung von bisher geglaubten Werten einher (KGW VIII, 2/14; 9 [35]). Noch aufschlußreicher ist diesbezüglich der Dialog mit Chomsky. Obwohl beide Denker in ihren politischen Vorlieben mit dem Anarchismus sympathisieren, stehen sie sich im Hinblick auf ihre philosophischen Prämissen unversöhnlich gegenüber. So wenig Foucault mit dem Begriff angeborener, kulturell nicht determinierter kognitiver oder Verhaltensstrukturen anzufangen weiß, so entschieden widerspricht er Chomskys Glauben an eine unveränderliche menschliche Natur und an die darauf basierenden Rechte; die angeblich unverbrüchlichen humanistischen Werte des Abendlandes sind seiner Ansicht nach stets nur Ausdruck der herrschenden Kultur. Klassenkampf sei kein Kampf um größere soziale Gerechtigkeit, sondern ausschließlich ein Kampf um die Macht (vgl. 1974).

Von der Überzeugung, die Moral lasse sich gänzlich auf die Politik reduzieren, scheint Foucault in späteren Jahren abgekommen zu sein, zumindest läßt das der Artikel vermuten, den er 1979 in der Tageszeitung *Le Monde* publiziert und in dem er zu den Ereignissen im Iran Stellung nimmt. Es ist vorauszuschicken, daß er die iranische Revolution engagiert und aus der Nähe betrachtet hat, was ihm damals oft vorgehalten worden ist. Die blutige Repression, die unter dem Regime der Ayatollahs eingesetzt hat, der religiöse Fanatismus, die Xenophobie und die Unterwerfung der Frauen sind – so lautet die Argumentation – kein Einwand gegen den Aufstand, der den Schah gestürzt hat. Alle errungenen oder geforderten Rechte und Freiheiten haben in der Möglichkeit der Revolte, in der Entscheidung eines Menschen, unter Einsatz seines Lebens einer Macht zu widerstehen, ihr unmittelbarstes und solidestes Fundament – nicht in den Naturrechten. Foucault widerspricht deshalb der gängigen Meinung, die jeden Aufstand mit dem Hinweis auf die schlechte Politik, die sich mit ihm legitimiert, für sinnlos erklärt. Er postuliert eine ethische Verpflichtung der Intellektuellen, den konfusen Stimmen der Revolte unvoreingenommene Aufmerksamkeit zu schenken, eine Verpflichtung, die keineswegs eine unkritische Verteidigung der Resultate des Aufstands zur Konsequenz haben muß.

Was die Kritiker gestört hat, ist der Umstand, daß Foucault sich kaum zu den politischen Zielsetzungen seiner theoretischen und praktischen Arbeit geäußert hat. Den Entwurf eines alternativen Gesellschaftssystems weist er als Rückfall in den Utopismus zurück; Utopien aber, so legt er dar, werden stets aus Elementen der bisher herrschenden Ordnung konstruiert (1974a, dt./124ff). Der Utopie setzt er das Experiment entgegen; der Prozeß der sozialen Umwälzung kann nur in einer Vielfalt autonomer und zerstreuter Experimente bestehen, in der Zerstörung der Gesamtgesellschaft mit ihrem zentralisierenden und allumfassenden Machtanspruch.

Trotz Foucaults beharrlicher Weigerung, ein politisches Programm zu unterstützen, sind Zuordnungsversuche erlaubt. In den Jahren nach 1968 sympathisiert er mit der linksradikal-kulturrevolutionären Bewegung, später nähert er sich der Sozialistischen Partei und vor allem der Gewerkschaft CFDT. Relevant für das politische Gewicht der intellektuellen Tätigkeit ist für ihn nicht eine in der Theorie gefällte Entscheidung, sondern die praktische Initiative. 1971 hat er mit einer Gruppe von Intellektuellen den „Groupe d'information sur les prisons" organisiert. Den Problemen des Gefängnisses, der Justiz-Praxis und der psychiatrischen Internierung hat stets seine besondere Aufmerksamkeit gegolten. Seit Mitte der 70er Jahre befaßt er sich zudem vermehrt mit dem Komplex von Sexualität, Recht, Politik und Ethik. Er beteiligt sich an den Diskussionen um die geplante Reform des französischen Sexualstrafrechts, wobei ihn vor allem die Schwierigkeit einer klaren Trennung von Gewalt und Sexualität beschäftigt. Sein Engagement in der Homosexuellen-Bewegung ist begleitet vom Versuch, eine Ethik der Homosexualität zu entwerfen. In den 80er Jahren wendet er sich im Rahmen seiner Zusammenarbeit mit der CFDT Fragen der Gewerkschaftsarbeit und der Sozialpolitik zu (vgl. 1983b, 1983d). Er plädiert für ein System der sozialen Sicherheit, das weder durch Integration noch durch Marginalisierung Abhängigkeit schafft, sondern die Entfaltung persönlicher Autonomie und alternativer Lebensweisen erlaubt und die Benutzer an den Entscheidungsprozessen teilhaben läßt.

Foucault hat seiner wissenschaftlichen wie seiner politischen Tätigkeit zwei Prinzipien zugrunde gelegt. Wenn jede Gesellschaft von Machtrelationen durchdrungen ist, heißt das nicht, daß die bestehenden Machtformen notwendig und legitim oder unüberwindbare Fatalität sind. Der politische Auftrag besteht darin, sie zu analysieren und in Frage zu stellen (vgl. 1984c/316). Diese Analyse und diese Infragestellung sind aber nur dann sinnvoll und geben nur dann eine brauchbare Anleitung zur praktischen Veränderung, wenn sie deren geheime Zweckmäßigkeit aufzudecken vermögen. Verfolgt nämlich eine reformierte Institution die gleichen Zwecke wie jene, die sie ersetzt, bedeutet sie keine Befreiung (vgl. 1981b).

Foucaults Haltung ist in der westlichen Linken verbreitet. Angesichts mancher Enttäuschungen, die die historischen Vorbilder bewirkt haben, ist man mit dem Entwerfen neuer Ordnungen vorsichtig geworden und bemüht sich statt dessen um ein intensiveres Verständnis der sozialen Realität und der Veränderungsmöglichkeiten. Es ist seltsam, daß in der philosophischen Kritik diese Tatsache ignoriert und aus dem Fehlen eines Alternativentwurfs ein Einwand gegen Foucaults gesamte Arbeit abgeleitet wird. „Man kann bestehende Verhältnisse bzw. Ordnungen nicht umstürzen, ohne sich – gegen diese Wirklichkeiten – auf einen Wert zu beziehen, in dessen Namen das, was ist, der Kritik verfällt. Dieser ‚kontra-faktische' Wert müßte ferner im Dienste einer alternativen, aber gleichwohl: einer Ordnung stehen; denn es ist unmöglich (und wenig reizvoll selbst als pure Phantasie), sich gegen eine Ordnung und für die reine, abstrakte Nicht-Ordnung zu engagieren." So formuliert es Manfred Frank (Frank 1983/237). Foucaults Kritik gelte nicht einer konkreten gesellschaftlichen Ordnung, sondern der Ordnung als Ausschlußsystem schlechthin. Die Angriffsziele würden damit indifferent und austauschbar; Foucaults Kampf habe große Ähnlichkeit mit dem „acte gratuit" der Surrealisten, mit „dem blinden (prinzipienlosen) Um-Sich-Schlagen oder dem Amoklaufen". Solche Kritik zeugt von einem undifferenzierten Feindbild. Es ist nicht klar, woher die Angst vor dem Chaos, vor der „abstrakten Nicht-Ordnung“ rührt, zumal sich „prinzipienloses Um-Sich-Schlagen“ weder in Foucaults Schriften noch in seinen politischen Initiativen findet. Ebensowenig leuchtet ein, weshalb der Kampf gegen die bestehende Strafordnung wegen des Fehlens eines politischen Credos disqualifiziert sein sollte. Es wird unterstellt, Widerstand gegen bestimmte Einrichtungen sei durch die Unerträglichkeit der bestehenden Verhältnisse nicht hinreichend motiviert. Jürgen Habermas gibt einer ähnlichen Sorge wie Frank Ausdruck: „Wenn es aber nur noch um die Mobilisierung von Gegenmacht, um fintenreiche Kämpfe und Konfrontationen geht, stellt sich die Frage, warum wir denn dieser, im Blutkreislauf des modernen Gesellschaftskörpers zirkulierenden allgegenwärtigen Macht überhaupt Widerstand leisten sollten, statt uns ihr zu fügen.“ (Habermas 1984/751). Abgesehen davon, daß hier Foucault allzu leichtfertig organizistische Vorstellungen unterschoben werden, läßt sich einwenden, daß die Entscheidung, sich der Macht zu widersetzen, in der Regel längst schon gefallen ist, ehe der Philosoph darüber nachdenkt.

Charles Taylor wirft Foucault vor, es sei ihm wegen seines Relativismus, der unterschiedliche Sozial- und Wissensordnungen als inkommensurable Einheiten nebeneinanderstelle, nicht möglich, einen Fortschritt in der menschlichen Geschichte zuzugestehen. Die Darstellung der Disziplinen hält Taylor für einseitig, man dürfe den modernen Humanismus nicht nur negativ mit Kontrolltechnologien in Verbindung bringen. Die neuen, von gleichberechtigter Teilnahme getragenen Formen kollektiven Handelns seien nur möglich geworden aufgrund der Selbstdisziplinierung. Auch der Fortschritt hin zu einem wissenschaftlichen Weltverständnis werde von Foucault geleugnet, er sei aber eine Voraussetzung für die Überwindung grausamer Strafpraktiken gewesen (vgl. Taylor 1984). Doch Foucault bestreitet nicht, daß ein Fortschritt stattgefunden hat; er vertritt lediglich die Ansicht, daß die Befreiung, die in diesen Fortschritt hineininterpretiert worden ist, noch aussteht.

Einen ganz anderen Zugang zum Problem des Ethischen bei

Foucault hat der Historiker Paul Veyne in einem 1985 in *autaut* erschienenen Aufsatz vorgeschlagen. Gemäß seinem von Freundschaft und enthusiastischer Bewunderung geprägten Urteil entspricht Foucault auf ideale Weise Nietzsches Typus des Vornehmen; ihm gehe es nicht darum, seine Präferenzen als die wahren auszugeben, er wolle seinen Gegnern lediglich die Unhaltbarkeit ihrer Wertbegründung beweisen. Werte politischer und ethischer Art sind letztlich weder in zweckrationalistischer Weise noch unter Berufung auf die menschliche Natur oder die universelle Vernunft begründbar. Doch diese Unbegründbarkeit schafft im Alltag keine Probleme. Niemand hat sich je ernsthaft die Frage gestellt, welche Werte den Vorzug verdienen; die Frage ist für Veyne lediglich eine Erfindung der Philosophie, ein intellektuelles Spiel. Foucaults Versuch, Moral künftig nicht mehr auf ewigen Werten und Pflichten, sondern auf einer Ästhetik der Existenz zu begründen, versteht er als Vorschlag für die Gegenwart.

Vielleicht vermag eine Ethik der individuellen Lebensgestaltung, die sich sowohl von der Sorge um die Freiheit wie vom Respekt für andere Lebensmöglichkeiten leiten läßt, einen Ausweg zu zeigen aus dem letztlich doch wohl vergeblichen Unterfangen, allgemein verbindliche Verhaltensnormen philosophisch zu begründen.

Die Diskussion um das Problem des Ethischen bei Foucault bleibt unvollständig, solange nicht sein Ideal der Aufklärung berücksichtigt wird. Die grenzenlose Wißbegierde, die in unserer Gesellschaft vorhanden ist, begrüßt er als etwas Positives. Umgekehrt sind die Möglichkeiten, Wissen zu erwerben und auszutauschen, seiner Ansicht nach viel zu beschränkt. Die Informationskanäle müßten vervielfältigt werden, das Recht auf Wissen und auf Lernen dürfe nicht bestimmten sozialen Gruppen und Altersklassen vorbehalten bleiben. Foucault assoziiert diese Wißbegierde mit einer Befreiung von gewohnten Betrachtungsweisen, mit einer kritischen Distanz zum Bestehenden. Die Philosophie versteht er entsprechend als „eine Bewegung, mit deren Hilfe man sich nicht ohne Anstrengung und Zögern, nicht ohne Träume und Illusionen von dem freimacht, was für wahr gilt, und nach anderen Spielregeln sucht. Philosophie ist jene Verschiebung und Transformation der Denkrahmen, die Modifizierung etablierter Werte und all der Arbeit, die gemacht wird, um anders zu denken, um anderes zu machen und anders zu werden, als man ist." (1984, dt./22).

Foucaults Werk ist zu Unrecht als Diskurs der Gegenaufklärung bezeichnet worden. Foucault hält es für absurd, die Aufklärung zur Ursache des Totalitarismus erklären zu wollen (vgl. 1980a/317f). Gewiß mißtraut er dem Rationalitätsideal der westlichen Zivilisation, doch er identifiziert es nicht mit der Aufklärung, wie so manche Kritiker noch heute unterstellen. Er unterscheidet überdies ausdrücklich zwischen einem ethischen Vernunftbegriff und instrumenteller Rationalität (vgl. 1977d). Eine Kritik und Geschichte der Rationalitätsformen hat seiner Meinung nach nichts mit Irrationalismus zu tun, vielmehr kann sie zeigen, wie eine bestimmte herrschende Form von Rationalität den Status der allgemeinen Vernunft annimmt. Doch es ist unzulässig, diese Formen mit der Vernunft schlechthin zu identifizieren (vgl. 1978b). Auch den postmodernen Abschied von der Vernunft hält Foucault für abwegig (vgl. 1983a).

Die Aufklärung – so hat es Foucault einmal formuliert (1978b) – ist zwei Jahrhunderte nach ihrem historischen Auftreten zurückgekehrt und fragt erneut nach den Möglichkeiten und den Grenzen der Vernunft, nach deren Fähigkeit, den Menschen neue Freiheitsräume zu eröffnen oder sie neuen Herrschaftsformen zu unterwerfen. Eine fast rätselhafte Faszination hat Kants Aufsatz *Was ist Aufklärung?* auf Foucault ausgeübt; er hat ihm zwei 1984 veröffentlichte Essays gewidmet (vgl. 1984f; 1984, e). Mit seiner Aufklärungsschrift sowie mit seinen Betrachtungen über die Französische Revolution im „Streit der Fakultäten" habe Kant eine „Ontologie der Gegenwart" begründet; darunter ist zu verstehen die kritische Befragung und Beobachtung der eigenen Zeit, die philosophische Einschätzung aktueller Ereignisse, die Reflexion der eigenen Verantwortung in dieser Gegenwart. Die von Kant aufgeworfenen Probleme der Bedeutung, der Berechtigung und der Ziele von Aufklärung und Revolution werden für einen wichtigen

Zweig der modernen Philosophie zu entscheidenden Themen. Aufklärung ist mithin für Foucault keine bloße Episode in der Ideengeschichte, zu der wir Distanz gewonnen haben, ebensowenig will er sie als Vermächtnis einiger liebgewonnener Ideen verstanden wissen, die es pietätvoll zu verwalten gilt. Würde die ,,Berlinische Monatsschrift" heute ihren Lesern die Frage vorlegen: ,,was ist Philosophie?", so müßte Foucault zufolge die Antwort lauten: die moderne Philosophie bemüht sich darum, die vor zweihundert Jahren gestellte Frage nach der Aufklärung endlich zu beantworten.

In einem Zeitalter, in dem die Menschen lernen, ihre Vernunft zu gebrauchen, ohne sich einer Autorität unterzuordnen, hat die Kantsche Vernunftkritik die Aufgabe übernommen, die Bedingungen zu definieren, unter denen der Vernunftgebrauch gerechtfertigt ist, um damit die Autonomie der Vernunft zu sichern. Die Zuordnung, die Foucault hier vornimmt, ist nicht unproblematisch; Panajotis Kondylis hat in seinem Buch *Die Aufklärung im Rahmen des neuzeitlichen Rationalismus* (1981) gezeigt, daß Kants Grenzziehung zwischen Natur und Freiheit schlecht ins sensualistisch-materialistische Menschenbild der französischen Aufklärung paßt. Doch sind es nicht diese ideengeschichtlichen Probleme, die Foucault interessieren; ihn beschäftigt vielmehr die Bestimmung seiner eigenen Aufgabe als Philosoph. Er hat mit seinen früheren Werken die Absicht verfolgt, dem anthropologischen Denken, das dem empirischen Menschen einen transzendentalen Wert zuschreiben will, die Kantsche Lektion in Erinnerung zu rufen. In den 80er Jahren ist es nicht mehr die Kritik der theoretischen Vernunft, die er gegen die humanistischen Ideologien ins Feld führt, sondern die Aufklärung, begriffen als Reflexion individueller Autonomie und Anleitung zur Selbstverwirklichung. Humanismus dagegen bedeutet in seinen Augen Fremdbestimmung.

Foucault träumt von einer Erweiterung oder besser Umkehrung des Kantschen Projekts, von einer Umwandlung der theoretischen Kritik, die die Grenzen der Erkenntnis zieht, in eine praktische Kritik, die die Möglichkeiten der Überschreitung, die Chancen, uns zu verändern, zeigt. Die intellektuelle Tätigkeit soll zeigen, daß das, was ist, anders sein könnte und daß es nicht seit jeher so war; sie soll der Freiheit neue Räume entdekken. Das Ziel seiner Arbeit hat Foucault in einem 1977 geführten Gespräch so formuliert: „Ich träume von dem Intellektuellen als dem Zerstörer der Evidenzen und Universalien, der in den Trägheitsmomenten und Zwängen der Gegenwart die Schwachstellen, Öffnungen und Kraftlinien kenntlich macht, der fortwährend seinen Ort wechselt, nicht sicher weiß, wo er morgen sein noch was er denken wird, weil seine Aufmerksamkeit allein der Gegenwart gilt; der, wo er gerade ist, seinen Teil zu der Frage beiträgt, ob die Revolution der Mühe wert ist und welche (ich meine: welche Revolution und welche Mühe), wobei sich von selbst versteht, daß nur die sie beantworten können, die bereit sind, ihr Leben aufs Spiel zu setzen, um sie zu machen." (1978, dt./198)

Zum Schluß drängen sich einige Bemerkungen zum Begriff des „spezifischen" Intellektuellen auf. Mitte der 60er Jahre haben die Philosophen des Strukturalismus, in erster Linie Althusser und Foucault, ihren Kritikern unterstellt, ihr Weltverständnis beruhe auf ideologischen Voraussetzungen, sei von falschen, humanistischen Evidenzen geblendet, die ein wissenschaftliches Denken zerstören müsse. Wenn auch die theoretischen Grundlagen eines solchen Anspruchs, vor allem das Konzept vom epistemologischen Einschnitt, originell sind, so ist doch der Anspruch selbst, mittels rationaler Reflexion die Vorurteile des Alltags zu überwinden, durchaus traditionell. Nach 1968 ist dieses intellektuelle Selbstverständnis ins Wanken geraten: Für Foucault handelt es sich jetzt darum, die vom offiziellen Wissenschaftsbetrieb ausgeschlossenen Kenntnisse zur Geltung zu bringen und jeden Diskurs, der mit einem Wahrheitsanspruch auftritt, auf seine politisch-institutionellen Voraussetzungen und auf seine Machtwirkungen hin zu untersuchen. Das bedeutet keineswegs, daß der Wert der Wahrheit in Frage gestellt ist. Im Vorwort zu einem Buch von Bernard Cuau, in dem es um die Rekonstruktion eines Justiz-Skandals geht, erklärt Foucault, es sei die Aufgabe der Intellektuellen, aus der Wahrheit einen „Punkt unbeugsamen Widerstands" zu machen

(1976c). Der Antagonismus zwischen einer korrupten Macht, die einen Tatbestand oder ein Ereignis umdeutet, verfälscht wiedergibt oder schlicht leugnet, und der reinen Wahrheit, die zur Legitimation des politischen Widerstands wird, liegt allerdings auch dem Selbstverständnis des ,,universellen" Intellektuellen zugrunde: man denke an Emile Zolas Engagement in der Dreyfus-Affäre.

Tocqueville hat in *L'Ancien Régime et la Révolution* (1856) die These aufgestellt, den Philosophen der Aufklärung sei es nicht gelungen, eine sachkundige Kritik an der absolutistischen Politik zu üben. Da sie von der Ausübung der Macht ausgeschlossen gewesen seien, hätten sie nur leere Utopien verkünden können. Diese Analyse ist heute umstritten: Etliche Mitarbeiter der *Encyclopédie* sind in der königlichen Verwaltung beschäftigt gewesen. Foucault bezieht sich nirgends auf diese Diskussion, trotzdem ist vielleicht folgende Interpretation berechtigt: Er kritisiert nicht den Typus des aufklärerischen Intellektuellen, sondern das falsche Bild, das man sich von ihm gemacht hat. Das Bild des ,,universellen" Intellektuellen, der die Wahrheit und die Prinzipien der Gerechtigkeit kennt, weil er von der Macht nicht korrumpiert ist, entspricht nicht der Realität, da jede intellektuelle Intervention eine Form von Machtausübung ist.

Hier ist allerdings die Frage angebracht, ob Foucault nicht seinerseits diesem Bild zu neuer Aktualität verholfen hat. Der Begriff des ,,spezifischen" Intellektuellen ist gewiß nicht überflüssig; zu denken ist an jene kritischen Ärzte und Naturwissenschaftler, denen es in den letzten Jahren gelungen ist, die mit ihrem Beruf verbundene Macht politisch einzusetzen. Doch ein ,,Ontologe der Gegenwart" läßt sich kaum als spezifischer Intellektueller bezeichnen. In den 80er Jahren hat Foucault bei verschiedenen Gelegenheiten den Gegensatz von Regierungspolitik und philosophischer Intervention unterstrichen und damit das Image des Intellektuellen, der außerhalb der Macht steht und sich nur um die Wahrheit sorgt, gerettet (vgl. 1984, dt./139).

Foucault ist zurückgekehrt zum Ideal des Aufklärers und damit zu jenem des „universellen“ Intellektuellen, das er doch verabschieden wollte. Der Intellektuelle „neuen Typs“ ist jener, der im Namen des Volkes Auskunft und Rechenschaft von der Regierung verlangt. Wenn Foucault in einer 1981 gehaltenen Rede (vgl. 1984h) eine internationale Staatsbürgerschaft und ein Recht der Regierten den Regierenden gegenüber postuliert, ist gegen die politischen Motive einer solchen Forderung nichts einzuwenden. Doch der Antagonismus zwischen der Macht der Regierungen und der Ohnmacht der Regierten ist in Foucaults Machtanalyse nicht vorgesehen.

IX. Wirkung

1. Der Stand der Diskussion

Im Sommer und Herbst 1986 haben verschiedene französische Zeitschriften Foucault Sondernummern gewidmet, die einen guten Eindruck von seiner gegenwärtigen Wirkung vermitteln. Foucaults Schaffen hat wohl in erster Linie die Kritik der Institutionen und Praktiken der sozialen Kontrolle und des Ausschlusses inspiriert, damit auch das Selbstverständnis linker Politik.

In einem Nachruf, den Annie Kriegel 1984 für den *Figaro* geschrieben hat, steht zu lesen, Foucaults politische Positionen seien völlig haltlos gewesen; seine Hoffnungen auf die gesellschaftlichen Randgruppen zeugten von einem unheilbaren Romantizismus und von der Unkenntnis der sozialen Realitäten (zitiert in: *Actes* 1986). Maria Daraki hat 1985 in der Zeitschrift *Esprit* den Vorwurf formuliert, Foucaults Analysen seien Ausdruck einer narzißtischen Wahnvorstellung, seine Solidarität mit den Geisteskranken und den Eingesperrten, seine ganze Einstellung sei auf die partikulären Interessen sexueller Differenz zurückzuführen. Das läßt sich so interpretieren: weil Foucault homosexuell war, also ,,anormal", hat er sich nur für seinesgleichen interessiert und die wirklichen Probleme der Gesellschaft nicht begriffen. Kritiken solcher Art bestätigen wohl nur Foucaults Überzeugung, die Scheidung von normal und anormal sei grundlegend für das Selbstverständnis einer Zivilisation.

Der Soziologe Robert Castel, ein ehemaliger Mitarbeiter Foucaults, befaßt sich in *Le débat* (1986) mit dem Verhältnis des Autors der *Histoire de la folie* zur Anti-Psychiatrie. Trotz seiner radikalen Kritik der sozialen Funktion der Psychiatrie ist Foucault kein bedingungsloser Gegner von Reformen gewesen, wie Castel nachweist. In der gleichen Nummer beschreibt Jacques Donzelot, auch er ein früherer Mitarbeiter Foucaults, wie schwierig es ist, aus den Analysen von *Surveiller et punir* politische Richtlinien zu gewinnen, wie insbesondere die Frage nach der Begründung des Strafrechts nicht geklärt ist. Die Historikerin Michele Perrot hat in ihrem Beitrag zum Mailänder Kolloquium (in: *Actes* 1986) geschildert, wie Foucault auf die Probleme des Strafvollzugs aufmerksam geworden ist. Auf Anregung linksradikaler Kreise, mit welchen er seit dem Mai 1968 Kontakte pflegt, organisiert er 1970 eine Umfrage unter den Gefangenen über die Haftbedingungen. Aus dieser Arbeit entsteht der G. I. P., der sich in der Zeit der Gefängnisrevolten bemüht, die Anliegen der Häftlinge in der Öffentlichkeit bekannt zu machen. Zugleich stellt sie für Foucault eine konkrete Erfahrung dar, die den Analysen von *Surveiller et punir* als Grundlage dienen wird.

Im Herbst 1985 hat die CFDT in Paris ein Foucault-Kolloquium veranstaltet, an dem sich unter anderen auch Mitglieder der damaligen Linksregierung zu Worte gemeldet haben. Foucaults Ideen haben im sozialistischen Reformprogramm Spuren hinterlassen. Der ehemalige Justiz-Minister Robert Badinter berichtet im Gedenkband, der anläßlich des Kolloquiums herausgegeben worden ist, über seine Begegnungen mit Foucault.

Zu den philosophischen Implikationen von Foucaults Arbeit ist in Frankreich in der letzten Zeit relativ wenig gesagt worden. Foucaults langjähriger Freund Gilles Deleuze publiziert 1986 eine Essaysammlung, in der eine Entsprechung zwischen den vier Fragen Kants in der *Logik* und den Foucaultschen Themen des Wissens, der Macht, der Subjektivierung und des Todes des Menschen nahegelegt wird. Verwiesen sei auch auf die Monographien von Jean-Marie Auzias und Angèle Kremer-Marietti, deren Buch 1985 in zweiter, erweiterter Auflage erschien.

Auf eine starke Resonanz ist Foucaults Werk schon seit den frühen 70er Jahren in Italien gestoßen. Vor allem die Machtanalytik ist ausführlich diskutiert und mit der orthodox-marxistischen Staatsauffassung konfrontiert worden. Im Sommer 1985 ist in Mailand ein Kolloquium über den „effeto Foucault" organisiert worden.

Über die zögernde Rezeption Foucaults in Großbritannien hat Colin Gordon in *Critique* (1986) berichtet. Anders steht es in den Vereinigten Staaten, wo Foucault seit den späten 70er Jahren an verschiedenen Universitäten Vorträge gehalten hat. Von der Anziehungskraft, die seine Arbeit ausübt, zeugen die Kongresse, die 1985 in Berkeley und New York stattgefunden haben. Vor allem in Berkeley, wo er seit 1975 eine Reihe von Vorlesungen und Seminaren durchgeführt hat, ist er populär geworden. 1983 hat er dort die Gründung einer Arbeitsgruppe angeregt. Diese gibt seit 1985 unter dem Titel *History of the Present* ein Bulletin heraus, das es sich zum Ziel gesetzt hat, die von Foucaults Methoden inspirierten Forschungen zu koordinieren. Schwerpunkte der Beschäftigung mit Foucault sind die politische Rationalität, Formen der sozialen Kontrolle, die Funktion des Rechts in der Gesellschaft. Jonathan Simon (in: *Actes* 1986) hat die Ansicht formuliert, die positive Aufnahme Foucaults in den Vereinigten Staaten erkläre sich aus der Tatsache, daß sich dort die von ihm beschriebenen Sozialtechniken viel ungehemmter hätten ausbreiten können als in Europa.

Foucault wird mithin in den Vereinigten Staaten primär als Soziologe geschätzt, weniger als Philosoph. Von seiten der analytischen Philosophie wird seinen Ideen mit Skepsis begegnet. Hilary Putnam, einer ihrer führenden Vertreter, zählt ihn neben Kuhn und Feyerabend zur „kühnen Minderheit" des radikalen Subjektivismus bzw. Relativismus oder Anarchismus (vgl. Putnam 1981). Dagegen bemüht sich Richard Rorty darum, den Graben zwischen analytischer und „kontinentaler" Philosophie – Rorty denkt primär an Hegel, Marx, Nietzsche, Heidegger und Foucault – zu überbrücken (vgl. Rorty 1982). Die Liste der englischsprachigen Publikationen zu Foucault ist mittlerweile kaum mehr übersehbar. Die bislang beste Analyse des Foucaultschen Denkwegs haben Hubert Dreyfus und Paul Rabinow geleistet. Eine gute Darstellung seines Werks gibt Alan Sheridan (1980).

In Lateinamerika scheint das Interesse für Foucaults Machtanalysen zu wachsen. Seit längerer Zeit bereits werden seine Bücher in Brasilien diskutiert. Ein Foucault-Kolloquium hat 1985 auch in São Paulo stattgefunden.

In der Bundesrepublik Deutschland zeugt die 1985 von Gesa Dane u. a. herausgegebene Essay-Sammlung von verschiedenen Versuchen, die von Foucault gewiesenen neuen Wege des Denkens zu erkunden. Eine gute Darstellung und Kritik seiner Arbeiten hat Clemens Kammler (1986) verfaßt. Heute wird die philosophische Diskussion beherrscht von Foucaults eigentlichem Gegenspieler, Jürgen Habermas, der gegen ihn das Projekt der Moderne verteidigen will, so vor allem in seinem 1985 erschienenen Buch *Der philosophische Diskurs der Moderne.* Laut Habermas muß Foucaults Kritik der Macht scheitern, weil sie, indem sie die wissenschaftliche Vernunft und die universellen Werte miteinbezieht, sich einer normativen Grundlage beraubt; die Genealogie der Humanwissenschaften ende in einem „heillosen Subjektivismus". Hubert L. Dreyfus und Paul Rabinow haben in *Critique* (1986), Bernhard Waldenfels in *Les études philosophiques* (1986) die gegensätzlichen Positionen von Foucault und Habermas diskutiert. Waldenfels ist übrigens in verschiedenen Arbeiten der Frage nachgegangen, in welchem Maß noch Foucaults Analysen sich der Phänomenologie verdanken.

Foucault hat sich in seinen letzten Jahren bei einigen Gelegenheiten zur Philosophie von Habermas geäußert (vgl. 1983a, 1984,e/373ff); zu einem echten Dialog ist es nicht mehr gekommen. Größere Affinitäten scheint er zu Horkheimer und Adorno verspürt zu haben. Im bereits zitierten Gespräch mit G. Raulet findet sich die selbstkritische Feststellung, eine rechtzeitige Bekanntschaft mit den Arbeiten der Frankfurter Schule hätte ihm manche Umwege erspart. Axel Honneth, der sich kritisch mit Foucaults Diskurs- und Machttheorie auseinandergesetzt hat, stellt auch deren Beziehungen zum Werk von Adorno und Horkheimer einerseits, jenem von Habermas andererseits her (vgl. Honneth 1985 und in: *Critique* 1986). Anders als bei Adorno, der den Zusammenhang zwischen wachsender Naturbeherrschung und menschlicher Entfremdung gezeigt hat, reduziere sich vor Foucaults ,,positivistischem Gleichmut" Geschichte auf einen Prozeß sozialer Machtsteigerung. Den Versuch einer kommunikationstheoretischen Transformation der Kritischen Theorie, wie ihn Habermas unternommen hat, erachtet Honneth den Ansätzen von Adorno und Foucault gegenüber als Fortschritt.

In einem seiner letzten Gespräche hat Foucault bekannt, Heidegger sei für ihn immer der wesentliche Philosoph gewesen; zwar kenne er dessen Werk zu wenig, doch verdanke er ihm den Zugang zu Nietzsche (1984i). Eine eingehende Untersuchung über Foucaults Verhältnis zu Heidegger – wie übrigens auch zu Max Weber – steht noch aus. Hier sei auf Reiner Schürmanns Überlegungen zum ,,anarchischen Subjekt" verwiesen (in: *Les études philosophiques* 1986).

Zwei Bücher repräsentieren die beiden verbreiteten Weisen, Foucault zu verstehen. José-Guilherme Merquior (1985) hält ihn für einen Irrationalisten und bedingungslosen Gegner der Aufklärung. Unter Berufung auf die Geschichte der Mathematik und der exakten Naturwissenschaften behauptet er die Möglichkeit und die Kontinuität objektiver Erkenntnis. Doch dabei übersieht er, daß Foucault Disziplinen untersucht hat, deren Wissenschaftlichkeit sich erst erweisen muß. Wenn Merquior die Gegenüberstellung von Analytik der Wahrheit und Ontologie der Gegenwart als Opposition auslegt, entspricht dies keineswegs Foucaults Intention. Eine Ontologie der Gegenwart schließt eine Erkenntnis- oder Wissenschaftstheorie nicht aus, aber sie kann sich in ihrem eigenen Geschäft, das nicht zuletzt darin besteht, die öffentliche Wirkung der Wissenschaften zu untersuchen, nicht allein auf deren Grundlagen verlassen. Auch Kant hat sich in seinen politischen Schriften nicht ausschließlich auf die Ergebnisse seiner Vernunftkritik gestützt. Foucault ist nach Merquiors abschließendem Urteil gleich Herbert Marcuse ein Prophet der reinen Revolte, ein ,,Neo-Anarchist", der im Gegensatz zu den alten Anarchisten die utopische Hoffnung und das Vertrauen auf die Vernunft verloren hat, endlich ein ,,Katheder-Nihilist". Wenn allerdings der Nihilismus, wie Nietzsche gemeint hat, mit der Wertminderung und ,,Verkleinerung" der Menschen einhergeht, wäre Foucault viel eher als Diagnostiker des Nihilismus zu bezeichnen.

Zu ganz anderen Schlüssen als Merquior kommt John Rajchman in seinem 1985 publizierten Essay. Indem Foucault sich jenen Wissenschaften zugewendet habe, die wegen ihrer engen Verknüpfung mit dem sozialen Alltag die Philosophen mit dem Problem der menschlichen Freiheit konfrontieren, habe er eine Ethik der intellektuellen Tätigkeit formulieren können, ohne die epistemologischen Fragen zu vernachlässigen. Foucault sei die Erfindung der Freiheit zu verdanken. Nicht die Freiheit des moralischen Subjekts, nicht die gesetzlich garantierte Freiheit noch die Utopie einer künftigen Befreiung stünden zur Diskussion, sondern die Freiheit, Praktiken der Macht- und Herrschaftsausübung in Frage zu stellen, aufgezwungene oder zur Gewohnheit gewordene Verhaltensweisen zu verweigern. Kein Nihilist ist Foucault in Rajchmans Augen, sondern ein Skeptiker, dessen Kritik einen permanenten zivilen Ungehorsam anstiftet.

2. *Schluß*

Manche seiner Kritiker halten Foucault für einen neuen Protagoras, dessen Argumente mittels einer Peritrope widerlegt werden können: wenn jeder Diskurs auf eine Machtäußerung reduzierbar ist, trifft dies auch auf seinen eigenen Diskurs zu, der daher nicht ernstzunehmen ist. Eine solche „Widerlegung" macht es sich zu einfach.

Foucault ist von der Frage ausgegangen, woher die Psychiatrie die Legitimation bezieht, wenn sie einige Menschen als krank deklariert und sie in der Ausübung ihrer Freiheiten einschränkt. Er hat festgestellt, daß sie, lange bevor sie sich um eine wissenschaftliche Begründung bemüht hat, eine sozial-politische Strategie gewesen ist. Dieser Befund provoziert die weitere Frage, wie es überhaupt um das rationale Fundament jener Wissenschaften steht, deren Objekte die Menschen sind.

Die Kritik der wissenschaftlichen Rationalität ist ein Thema der zeitgenössischen Philosophie. Sie kann motiviert sein durch eine Geschichte der Wissenschaften, durch eine Ideologiekritik, die die Übertragung naturwissenschaftlicher Modelle auf die Sozialwissenschaften und auf die Politik zum Gegenstand hat, oder durch einen prinzipiellen Irrationalismus. Dieser letzten Richtung ist Foucault zu Unrecht zugerechnet worden. „Raison" und „rationalité" sind zwei verschiedene Begriffe. Übersetzt man sie mit „Vernunft" und „Zweckmäßigkeit", wird der Unterschied klar. Es bietet sich auch die Unterscheidung von Wert- und Zweckrationalität an.

Foucault hat zu zeigen versucht, daß die Humanwissenschaften gar nicht über die rationale Fundierung verfügen, mit der sie sich legitimieren. Dieser Umstand ist hauptsächlich deshalb beachtenswert, weil diese Wissenschaften mit vielfältigen Machtwirkungen ausgestattet sind, die den Lebensalltag der Menschen entscheidend prägen. Die modernen westlichen Gesellschaften werden „in letzter Instanz" nicht von einem Rechtskodex, sondern von einem humanwissenschaftlichen Kodex geregelt, so lautet Foucaults Analyse. Marx' Kritik der politischen Ökonomie und Nietzsches Kritik der evolutionistischen Morallehren sind mögliche Vorbilder solcher Analysen.

Durch ihre unermüdlichen Anstrengungen, die Menschen zu erfassen und zu definieren, ist es den Humanwissenschaften bzw. den Institutionen, die sie anwenden, gelungen, die Freiheit der Menschen, sich zu verändern und „neue Versuche des Lebens und der Gemeinschaft" (Nietzsche) zu wagen, auf ein Minimum einzuschränken, dies ist Foucaults These. Deshalb seine Forderung: wir müssen nicht entdecken, was wir sind, sondern die uns zugeschriebene Identität verweigern. Wenn Foucaults Ideen eine Wirkung beschieden ist, die über die gegenwärtige Popularität hinausgeht, könnte sie in der Fortsetzung einer kritischen Geschichte der Humanwissenschaften liegen.

Anhang

1. Anmerkungen

II. Die Archäologie der Humanwissenschaften

1. 1881–1966. Wirkte als Direktor der Nervenklinik in Kreuzlingen. Wichtige Werke: *Grundformen und Erkenntnis menschlichen Daseins*, 1942. *Ausgewählte Vorträge und Aufsätze*, Bd. I, 1947, Bd. II, 1955.
2. Gegen Foucaults Descartes-Lektüre hat Jacques Derrida Einspruch erhoben. Foucaults Buch über den Wahnsinn ist laut Derrida als „kartesianische Geste" für das 20. Jahrhundert zu betrachten, die Archäologie als der „subtilste Wiederbeginn" des gegen den Wahnsinn vorgenommenen Aktes (vgl. Derrida 1967). In seiner 1971 veröffentlichten Replik – *Mon corps, ce papier, ce feu;* auch in: *Histoire de la folie à l'âge classique*, ²1972 – wirft Foucault Derrida vor, er reduziere die diskursive Praxis auf reine Text-Spuren, die ihrerseits zum Objekt der Hermeneutik würden.
3. Der erste Anhang zur Ausgabe von 1972 – *La folie, l'absence d'oeuvre*, zuerst erschienen 1964 – enthält neben Erläuterungen zur Verwandtschaft von Wahnsinn und Literatur sowie einer bemerkenswerten „Rehabilitation" Freuds auch eine Verabschiedung des dialektischen Denkens, des Bildes vom entfremdeten Menschen.
4. Vgl. die zwei Auflagen des Buches von 1963 und 1972, im französischen Original jeweils XIIIf.
5. Wichtige Kapitel sind hervorgegangen aus Diskussionen Foucaults mit dem „Cercle d'épistémologie" – einer Gruppe von Althusser- und Lacan-Schülern – sowie mit der Zeitschrift *Esprit*. Das Buch ist also zu verstehen als Entgegnung auf kritische Fragen und Einwände, die bezüglich seiner früheren Arbeiten formuliert worden sind.
6. Zum Verhältnis zwischen dem Searleschen Begriff des Sprechakts und jenem der Aussage vgl. Dreyfus/Rabinow 1982/73ff.

III. Eine philosophische Standortbestimmung

1. Canguilhem (1977/20) bezieht sich auf die Vorrede zur zweiten Auflage der *Kritik der reinen Vernunft* (B XIff). Die Naturforscher haben laut Kant begriffen, „daß die Vernunft nur das einsieht, was sie selbst nach ihrem Entwurfe hervorbringt ...".

2. Ich beschränke mich auf diese Hinweise. Wichtige wissenschaftshistorische Schriften von Bachelard: *Le nouvel esprit scientifique*, 1934. *La formation de l'esprit scientifique*, 1938. *La philosophie du non*, 1940. *Le rationalisme appliqué*, 1949. *Le matérialisme rationnel*, 1953. Eine gute Darstellung und Kritik der Bachelardschen Theorie gibt Brühmann (1980).
3. Descombes bezeichnet Michel Serres als den einzigen französischen Philosophen, der die strukturalistische Methode befolgt. Eine Struktur ist laut Serres ein Ensemble von Elementen und Beziehungen, wobei weder der Inhalt der Elemente noch die Natur der Beziehungen spezifiziert werden. Sobald diese Spezifikation vorgenommen wird – in einem konkreten Forschungsfeld also – ergibt sich ein Modell bzw. ein Paradigma. Die Struktur ist also das formale Analogon verschiedener konkreter Modelle. Eine Analyse ist dann und nur dann struktural, wenn sie ein solches Modell aufzeigen kann, ohne auf die Bedeutung der gegebenen Inhalte rekurrieren zu müssen (Serres 1969/32).
4. Vgl. dazu *Logik* A 25: „Das Feld der Philosophie in dieser weltbürgerlichen Bedeutung läßt sich auf folgende Fragen bringen: 1) Was kann ich wissen? 2) Was soll ich tun? 3) Was darf ich hoffen? 4) Was ist der Mensch? ... Im Grunde könnte man aber alles dieses zur Anthropologie rechnen, weil sich die drei ersten Fragen auf die letzte beziehen."
5. Bereits in diesem Text begreift Foucault den Tod des Menschen als Konsequenz aus dem Tod Gottes.
6. Enrico Corradi spricht in bezug auf das archäologische Projekt von einem „trascendentalismo prassistico". Die Funktion des transzendentalen Subjekts sieht er überdies noch in den späteren machtanalytischen Schriften bewahrt. Die Macht erfülle nämlich bei Foucault diese Rolle (vgl. Corradi 1977). Corradi scheint zu übersehen, daß in der genealogischen Perspektive das erkennende Subjekt selbst in die Spiele der Macht impliziert ist.

IV. Nietzsche als Vorbild

1. Es trifft zwar zu, daß Marx den ökonomischen Kategorien ihre geheimnisvolle Tiefe hat nehmen wollen, Foucault interpretiert aber die als Beleg herangezogene Stelle (MEW 23/15) falsch: Nicht Marx selbst leugnet die Existenz der Ungeheuer, vielmehr wirft er dies der unterentwickelten und sorglosen sozialen Statistik Deutschlands vor.
2. Vgl. *Menschliches, Allzumenschliches* I 1; *Zur Genealogie der Moral*, Vorrede 3; *Morgenröthe*, Vorrede 1.
3. Vgl. *Götzen-Dämmerung*, Die „Vernunft" in der Philosophie 1 und 4.
4. Vgl. etwa: *Die fröhliche Wissenschaft*, 355. Es läßt sich mit guten Gründen behaupten, daß Nietzsche, wo er den Willen zur Wahrheit in Frage stellt, meist von der Vorstellung einer Korrespondenz her argumentiert: Die Lehren von Parmenides, Platon und Kant sind falsch – und nicht bloß

Zeugnisse einer möglichen Perspektive –, weil sie als Reden über das reine Sein, die Ideen oder das Ding an sich nicht mit der Wirklichkeit einer chaotisch-gewalttätigen Welt korrespondieren.

5. Vgl. auch Jean-Pierre Cotten (1978).
6. *Les maîtres de vérité dans la grèce archaïque* 1967.
7. D.h. die Periode zwischen der mykenischen und der klassisch-griechischen Kultur.
8. Aletheia (Wahrheit) kann als Negation von Lethe (Vergessen) gelesen werden.
9. Vgl. dazu besonders Karl Raimund Popper, *Die offene Gesellschaft und ihre Feinde,* 1957. In der Zeit des Sokrates seien demokratische Institutionen und rationale Kritik gleichzeitig aufgetaucht. Von der Macht trennte sich das Denken, das künftig fähig ist, die bestmögliche Form von Gerechtigkeit zu definieren. Die Ansicht des Thrasymachos im ersten Buch von Platons *Politeia,* der den Glauben an eine von allen Intrigen der Macht freie Gerechtigkeit für eine Illusion hält, beurteilt Popper als bloßen Zynismus.

V. Macht – Körper – Leben. Eine Genealogie der Humanwissenschaften

1. Ein schönes Beispiel für dieses Strafmodell gibt Rousseau in seinem *Gesellschaftsvertrag* (2. Buch, Kap. 5). Wer das Gesellschaftsrecht verletzt, tritt damit in den Zustand des offenen Krieges gegen die Gesellschaft ein. Die Erhaltung des Staates ist mit seiner eigenen unvereinbar. Selbst der so differenziert denkende Diderot weiß sich nicht anders zu helfen, als jene, die sich dem allgemeinen Willen nicht unterwerfen, mit wilden Tieren gleichzusetzen (vgl. den Artikel „Naturrecht" der *Enzyklopädie*).
2. Foucault leugnet nicht die Realität der Repression, doch kann diese seiner Ansicht nach nicht das grundlegende Element sein, von dem ausgehend sich eine Geschichte der Sexualität schreiben läßt.
3. Foucault verwendet den Ausdruck „le sexe"; vgl. dazu die Anmerkung der deutschen Übersetzer: „le sexe" meint sowohl das betont Lustvolle („der Sex") wie auch das Naturhafte, für das sich die Wissenschaften interessieren („das Geschlecht").
4. Im französischen Original: „... pour produire ... l'assujettissement des hommes; je veux dire leur constitution comme ‚sujets', aux deux sens du mot." 1976a/81.
5. Die Psychoanalyse, die laut Foucault eine Variation dieser medizinischen Technologie darstellt, hat sich deren Verflechtung mit Rassismus und Eugenik hartnäckig widersetzt und ist zu einer entschiedenen Gegnerin von Faschismus und Nazismus geworden. Foucaults Verhältnis zur Psychoanlayse ist übrigens differenzierter, als aufgrund einiger Stellungnahmen vermutet werden könnte.
6. Vgl. 1976a/187 und 190, wo von einer anderen Ökonomie der Körper und der Lüste die Rede ist.

7. Foucaults Äußerungen zu den feministischen Bewegungen sind spärlich; vgl. etwa 1978, dt./160f und 1984f.

VI. Die Auseinandersetzung mit dem Marxismus

1. Vgl. dazu auch 1966a/414.
2. Vgl. dazu Auzias 1967/119; Cotesta 1978/77ff.
3. Die aristotelische Unterscheidung von Praxis und Poiesis, von gesellschaftlich-politischem Handeln und künstlerischem oder handwerklichem Hervorbringen fällt bei Althusser weg.
4. Einen guten Überblick über das Problem gibt Horst Brühmann (1980/240ff).
5. Wie stark Althussers Philosophie von der Psychoanalyse geprägt ist, zeigt der 1964 veröffentlichte Artikel über *Freud et Lacan.* Auffallend ist die darin zum Ausdruck kommende zutiefst pessimistische Ansicht über die Qualen der Menschwerdung.
6. Vgl. dazu *Grundrisse der Kritik der politischen Ökonomie* 406f.
7. Ein Mitarbeiter von Foucault, Alessandro Fontana, kommt in seinem Beitrag zur Foucault-Nummer der Zeitschrift *aut-aut* (1978) zum Schluß, nicht die Schriften von Marx, sondern die polizeiwissenschaftlichen Projekte, die in Westeuropa vor allem im 18. Jahrhundert formuliert worden sind, stünden am Ursprung der Lager-Praktiken des 20. Jahrhunderts.

VII. Von der anarchischen Revolte zur Ästhetik der Existenz

1. Einen Zusammenhang zwischen Stirner und Foucault hat Wolfgang Essbach festgestellt (1982).
2. 1982 hat Foucault gemeinsam mit Arlette Farge die *Lettres de cachet des Archives de la Bastille* herausgegeben.
3. „Der Mensch als Subjekt, als Subjekt seines Bewußtseins und seiner Freiheit, das ist im Grunde eine Vorstellung nach dem Bilde Gottes. Der Mensch des 19. Jahrhunderts ist der in der Menschheit verkörperte Gott." 1968a/178f.
4. Vgl. von Martin Heidegger etwa: *Über den Humanismus,* 1949; *Nietzsche* II, 1961; *Zur Sache des Denkens,* 1969.
5. In einem Nachlaßfragment aus dem Jahre 1873 hat Nietzsche folgende Überlegung angestellt: „Wer die antike Moral kennt, wird sich wundern, wie viel damals moralisch genommen wurde, was jetzt medicinisch behandelt wird ... Die Alten waren viel mäßiger und absichtlich mäßiger im täglichen Leben: sie wußten sich zu enthalten und sich viel zu versagen, um die Herrschaft über sich nicht zu verlieren." KGW III/4/360f, 31 [4].
6. Es handelt sich um ökonomisch-administrative Lehren, die im Rahmen der merkantilistischen bzw. kameralistischen Politik der europäischen Staaten im 17. und 18. Jahrhundert entstanden sind. Wichtige Vertreter

sind Nicolas Delamare (*Traité de la police* 1705 ff) und Johann Heinrich Gottlob von Justi (*Grundsätze der Polizeywissenschaft* 1756).

7. Es wäre verfehlt, in diesem Kontext von einer Wendung zum Neoliberalismus sprechen zu wollen. Foucault hält explizit fest, daß der ,,pouvoir pastoral" nicht nur vom Staat, sondern auch von privaten Unternehmen ausgeübt wird.

2. *Literatur*

A. Werke

Bei den zitierten Foucault-Stellen beziehen sich die Seitenzahlen auf die hier angegebenen deutschen Übersetzungen der entsprechenden Werke.

Als Bibliographien sind zu empfehlen:

Clark, Michael: Michel Foucault. An annotated Bibliography. Tool Kit for a New Age. New York 1983

Lagrange, Jacques: Les œuvres de Michel Foucault. In: Critique 471/72, 1986

1954 a Maladie mentale et personnalité. Paris 1954. Zweite, veränderte Auflage: Maladie mentale et psychologie. Paris 1962

1954 b Introduction. Zu: Ludwig Binswanger: Le rêve et l'existence. Paris 1954

1957 La recherche du psychologue. In: Des chercheurs français s'interrogent. Toulouse 1957

1961 a Folie et déraison. Histoire de la folie à l'âge classique. Paris 1961. Zweite Auflage mit zwei Anhängen: Histoire de la folie à l'âge classique. Paris 1972. Deutsche Übersetzung: Wahnsinn und Gesellschaft. Frankfurt/M 1969

1961 b L'anthropologie de Kant. Introduction. Unveröffentlichtes Typoskript

1962 Le ,,non" du père. In: Critique 178, 1962

1963 a Naissance de la clinique. Une archéologie du regard médical. Paris 1963. Zweite revidierte Auflage: Paris 1972. Deutsche Übersetzung: Die Geburt der Klinik. Frankfurt/M, Berlin, Wien 1976

1963 b Raymond Roussel. Paris 1963

1963 c Distance, aspect, origine. In: Critique 198, 1963

1964 Le langage de l'espace. In: Critique 203, 1964

1966 a Les mots et les choses. Une archéologie des sciences humaines. Paris 1966. Deutsche Übersetzung: Die Ordnung der Dinge. Frankfurt/M 1971

1966 b Entretien avec R. Bellour. In: Les Lettres françaises 1125, 1966.

Deutsche Übersetzung in: Adelbert Reif (Hrsg.): Antworten der Strukturalisten. Hamburg 1973.

1966c Entretien avec M. Chapsal. In: La Quinzaine littéraire 5, 19dd. Deutsche Übersetzung in: Günther Schiwy: Der französische Strukturalismus. Reinbeck 1969

1966d Une histoire restée muette. In: La Quinzaine littéraire 8, 1966

1967a Nietzsche, Freud, Marx. In: Nietzsche. Cahiers de Royaumont 1967

1967b Entretien avec R. Bellour. In: Les Lettres françaises 1187, 1967. Deutsche Übersetzung in: Reif (s. o.)

1968a Entretien avec J.-P. Elkabbach. In: La Quinzaine littéraire 46, 1968. Deutsche Übersetzung in: Reif (s. o.)

1968b Réponse à une question. In: Esprit 371, 1968. Deutsche Übersetzung: Linguistik und Didaktik, 3/4, 1970.

1968c Réponse au Cercle d'epistémologie. In: Cahiers pour l'analyse 9, 1968

1969a L'archéologie du savoir. Paris 1969. Deutsche Übersetzung: Archäologie des Wissens, Frankfurt/M 1973

1969b Préface. Zu: A. Arnauld, C. Lancelot: Grammaire générale et raisonnée. Paris 1969

1969c Jean Hyppolite. In: Revue de métaphysique et de morale 74, 1969

1969d Conversazione. In: Paolo Caruso: Conversazioni con Lévi-Strauss, Foucault, Lacan. Milano 1969. Deutsche Übersetzung in 1974a, dt.

1970 Préface. Zu. J.-P. Brisset: La grammaire logique. Paris 1970

1971a L'ordre du discours. Paris 1971. Deutsche Übersetzung: Die Ordnung des Diskurses. Frankfurt/M, Berlin, Wien 1977

1971b Nietzsche, la généalogie, l'histoire. In: Hommage à Jean Hyppolite. Paris 1971. Deutsche Übersetzung in 1974a, dt.

1972 Sur la justice populaire. In: Les Temps modernes 310 bis, 1972

1973a Ceci n'est pas une pipe. Montpellier 1973

1973b Moi, Pierre Rivière, ayant égorgé ma mère, ma soeur et mon frère. (Kollektivarbeit) Paris 1973. Deutsche Übersetzung: Der Fall Rivière. Frankfurt/M 1975

1974 Human Nature: Justice versus Power. (Mit Noam Chomsky) In: Fons Elders (Ed.): Reflexive Water: The Basic Concerns of Mankind. London 1974

1975a Surveiller et punir. La naissance de la prison. Deutsche Übersetzung: Überwachen und Strafen. Frankfurt/M 1976

1975b La casa della follia. In: F. Basaglia und F. Basaglia Ongaro: Crimini di pace. Torino 1975 (Französische Übersetzung 1980). Deutsche Übersetzung: Befriedungsverbrechen. Frankfurt/M 1980

1976a La volonté de savoir. Histoire de la sexualité I. Paris 1976. Deutsche Übersetzung: Sexualität und Wahrheit. Der Wille zum Wissen. Frankfurt/M 1977

1976b La politique de la santé au XVIIIe siècle. In: Les machines à guérir. 1976

1976c Préface. Zu: Bernard Cuau: L'affaire Mirval ou comment le récit abolit le crime. Paris 1976

1977a La vie des hommes infâmes. In: Les cahiers du chemin 29, 1977. Deutsche Übersetzung: Das Leben der infamen Menschen. In: Tumult 4, 1982

1977b Dialogue avec D. Cooper, J.-P. Faye e. a. In: La folie encerclée. Change 22/23, 1977

1977c Va-t-on extrader Klaus Croissant? In: Le Nouvel Observateur 679, 1977

1977d Gespräch mit K. Boeser. In: Literaturmagazin 8, 1977

1977e Entretien avec J.-P. Barou et M. Perrot. In: Jeremy Bentham: Le Panoptique, Paris 1977

1978a Herculine Barbin dite Alexina B. (Herausgegeben von M. Foucault). Paris 1978

1978b Introduction. Zu: G. Canguilhem: On the Normal and the Pathological. Boston 1978. Französische Übersetzung in : Revue de métaphysique et de morale 90, 1985

1978c La governamentalitá. In: aut-aut 167/68, 1978 (Vorlesungsabschrift)

1978d Precisazioni sul potere. Risposta ad alcuni critici. In: aut-aut 167/68

1979a Inutile de se soulever? In: Le Monde, 11. 5. 1979

1979b Entretien avec P. Blanchet et C. Brière. In: Iran: la révolution au nom de Dieu. Paris 1979

1980 La poussière et le nuage; Table ronde; Postface. In: Michelle Perrot (ed.): L'impossible prison. Paris 1980

1981a L'évolution de la notion d' ,,individu dangereux" dans la psychiatrie légale. In: Déviance et sociéte 5, 1981

1981b Omnes et Singulatim: Towards a Criticism of ,,Political Reason". In: The Tanner Lecture on Human Values. New York 1981. Französische Übersetzung in: Le débat 41, 1986

1982a Le désordre des familles. Lettres de cachet des Archives de la Bastille. (Herausgegeben von A. Farge und M. Foucault) Paris 1982

1982b Le combat de la chasteté. In: Communications 35, 1982

1983a Structuralism and Post-Structuralism (mit G. Raulet). In: Telos 55, 1983

1983b La Pologne et après? (mit E. Maire) In: Le débat 25, 1983

1983c An Interview with S. Riggins. In: Ethos I/2, 1983

1983d Un système fini face à une demande infinie (mit R. Bono). In: Sécurité sociale: l'enjeu. Paris 1983

1984 a L'usage des plaisirs. Histoire de la sexualité II. Paris 1984. Deutsche Übersetzung: Der Gebrauch der Lüste. Frankfurt/M 1986

1984 b Le souci de soi. Histoire de la sexualité III. Paris 1984. Deutsche Übersetzung: Die Sorge um sich. Frankfurt/M 1986

1984 c Deux essais sur le sujet et le pouvoir. In: H. Dreyfus, P. Rabinow: Michel Foucault: Un parcours philosophique, Paris 1984

1984 d A propos de la généalogie de l'éthique (mit Dreyfus und Rabinow). In: Dreyfus, Rabinow (s. o.)

1984 e L'éthique du souci de soi comme pratique de liberté. (Entretien) In: Concordia 6, 1984

1984 f Qu'est-ce que les Lumières? In: Magazine littéraire 207, 1984

1984 g Le souci de la vérité (mit F. Ewald). In: Magazine littéraire 207, 1984

1984 h Face aux gouvernements, les droits de l'homme. (Genf, Juni 1981) In: Libération, 30. 6. 1984

1984 i Le retour de la morale (mit G. Barbedette und A. Scala). In: Les Nouvelles littéraires, 28. 6.–5. 7. 1984

ACF Annuaire du Collège de France

Weitere wichtige Texte von Foucault finden sich in den folgenden deutsch- und englischsprachigen Aufsatzsammlungen.

1974 a, dt. Von der Subversion des Wissens. Herausgegeben von Walter Seitter. München 1974

1974 b, dt. Schriften zur Literatur. München 1974

1976, dt. Mikrophysik der Macht. Berlin 1976

1977, dt. Der Faden ist gerissen (zusammen mit Gilles Deleuze). Berlin 1977

1978, dt. Dispositive der Macht. Berlin 1978

1984, dt. Von der Freundschaft. Berlin 1984

1984, e. The Foucault Reader. Edited by Paul Rabinow. New York 1984

B. Sekundärliteratur

Sondernummern von Zeitschriften, Gedenkbände:

Actes. Les cahiers d'action juridique. Foucault hors les murs. 54, 1986
aut-aut 167–168, 1978

Critique. Michel Foucault: du monde entier. 471–472, 1986

Le débat. Michel Foucault. 41, 1986

Human Studies. 10, 1987

Les études philosophiques. Foucault. Octobre-décembre 1986

Magazine littéraire. Michel Foucault. 101, 1975

Magazine littéraire. Michel Foucault. 207, 1984

Michel Foucault. Une histoire de la vérité. Herausgegeben auf Initiative der CFDT. Paris 1985. Deutsche Übersetzung: Michel Foucault. Eine Geschichte der Wahrheit. München 1987
Political Theory. 15/1, 1987

Bücher und Aufsätze:

Améry 1973. Jean Améry: Wider den Strukuralismus. Das Beispiel des Michel Foucault. In: Merkur 300, 1973
Améry 1977. Ders.: Michel Foucaults Vision des Kerker-Universums. In: Merkur 344, 1977
Amiot 1967. Michel Amiot: Le relativisme culturaliste de Michel Foucault. In: Les Temps modernes 22/248, 1967
Auzias 1967. Jean-Marie Auzias: Clefs pour le structuralisme. Paris 1967. Zweite Auflage, Paris 1971
Auzias 1986. Ders.: Michel Foucault. Qui suis-je? Paris 1986
Barthes 1961. Roland Barthes: Savoir et folie. In: Critique 174/1961
Baudrillard 1977, Jean Baudrillard: Oublier Foucault. Paris 1977
Caillois 1955. Roger Caillois: Michel Foucault – maladie mentale et personnalité. In: Critique 93, 1955
Canguilhem 1967. Georges Canguilhem: Mort de l'homme et épuisement du cogito. In: Critique 242, 1967
Certeau 1983. Michel de Certeau: L'absent de l'histoire. Paris 1973
Corradi 1977. Enrico Corradi: Filosofia della „morte dell'uomo". Saggio sul pensiero di Michel Foucault. Milano 1977
Corvez 1969. Maurice Corvez: Les structuralistes. Paris 1969
Cotesta 1978. Vittoria Cotesta: Linguaggio. Potere. Individuo. Saggio su Michel Foucault. 1978
Cotten 1978. Jean-Pierre Cotten: La vérité en procès. A propos de quelques pages de Michel Foucault. In: La pensée 202, 1978
Dane 1985. Gesa Dane e. a.: Anschlüsse. Versuche nach Michel Foucault. Tübingen 1985
Daraki 1985. Maria Daraki: Le voyage en Grèce de Michel Foucault. In: Esprit, avril 1985
Deleuze 1986. Gilles Deleuze: Foucault. Paris 1986. Deutsche Übersetzung: Foucault. Frankfurt/M 1987
Derrida 1967. Jacques Derrida: Die Schrift und die Differenz. Frankfurt/M 1976 (Paris 1967)
Descombes 1979. Vincent Descombes: Das Selbe und das Andere. 45 Jahre Philosophie in Frankreich 1933–1978. Frankfurt/M 1981 (Paris 1979)
Dews 1983. Peter Dews: Power and Subjectivity in Foucault. In: New Left Review 144, 1983
Dörner 1969. Klaus Dörner: Bürger und Irre. Zur Sozialgeschichte und Wissenschaftssoziologie der Psychiatrie. Frankfurt/M 1969

Domenach 1967. Jean-Marie Domenach: Le système et la personne. In: Esprit 360, 1967
Dreyfus/Rabinow 1982. Hubert L. Dreyfus, Paul Rabinow: Michel Foucault. Un parcours philosophique. Paris 1984 (Chicago 1982, 1983). Deutsche Übersetzung: Jenseits von Strukturalismus und Hermeneutik. Frankfurt/M 1987
Dufrenne 1968. Mikel Dufrenne: Pour l'homme. Paris 1968
Essbach 1982. Wolfgang Essbach: Der Materialismus des Selbst und seine Ausgrenzung aus dem Marxismus. Frankfurt/M 1982
Ewald 1975. François Ewald: Anatomie et corps politiques. In: Critique 343, 1975
Fink-Eitel 1980. Hinrich Fink-Eitel: Michel Foucaults Analytik der Macht. In: F. A. Kittler (Hrsg.): Austreibung des Geistes aus den Geisteswissenschaften. Paderborn 1980
Frank 1983. Manfred Frank: Was ist Neostrukturalismus? Frankfurt/M 1983
Fraser 1985. Nancy Fraser: Michael Foucault: A „Young Conservative". In: Ethics 96, 1985
Habermas 1984. Jürgen Habermas: Genealogische Geschichtsschreibung. In: Merkur 429, 1984
Habermas 1985. Ders.: Der philosophische Diskurs der Moderne. Frankfurt/M 1985
Hacking 1979. Ian Hacking: Michel Foucault's Immature Science. In: Noûs 13, 1979
Honegger 1980. Claudia Honegger: Überlegungen zu Michel Foucaults Entwurf einer Geschichte der Sexualität. Diss. Bremen 1980
Honegger 1982. Dies.: Michel Foucault und die serielle Geschichte. In: Merkur 407, 1982
Honneth 1985. Axel Honneth: Kritik der Macht: Reflexionsstufen einer kritischen Gesellschaftstheorie. Frankfurt/M 1985
Kammler/Plumpe 1980. Clemens Kammler, Gerhard Plumpe: Wissen ist Macht: Über die theoretische Arbeit Michel Foucaults. In: Philosophische Rundschau 3/4, 1980
Kammler 1986, Clemens Kammler: Michel Foucault. Eine kritische Analyse seines Werks. Bonn 1986
Kremer-Marietti 1974. Angèle Kremer-Marietti: Michel Foucault – der Archäologe des Wissens. Frankfurt/M, Berlin, Wien 1976 (Paris 1974. Zweite, erweiterte Auflage: Paris 1985)
LeBon 1967. Sylvie LeBon: Un positiviste désespéré. In: Les Temps modernes 22/248, 1967
Lecourt 1972. Dominique Lecourt: Kritik der Wissenschaftstheorie. Berlin 1975 (Paris 1972)
Major-Poetzl 1983. Pamela Major-Poetzl: Michel Foucault's Archaeology of Western Culture. Toward a New Science of History. Brighton 1983
Mauriac 1976. Claude Mauriac: Le Temps immobile 3. Paris 1976

Merquior 1985. José-Guilherme Merquior: Foucault. London 1985
Parain-Vial 1969. Jeanne Parain-Vial: Analyses structurales et idéologies structuralistes. Toulouse 1969
Perrot 1980. Michelle Perrot: L'impossible prison. Recherches sur le système pénitentiaire au XIXe siècle réunies par Michelle Perrot. Paris 1980
Piaget 1968. Jean Piaget: Le structuralisme. Paris 1968
Poster 1984. Mark Poster: Foucault, Marxism and History. Mode of Production versus Mode of Information. Cambridge 1984
Poulantzas 1978. Nicos Poulantzas: L'état, le pouvoir, le socialisme, Paris 1978
Puder 1973. Martin Puder: Der böse Blick des Michel Foucault. In: Neue Rundschau 83, 1973
Putnam 1981. Hilary Putnam: Vernunft, Wahrheit und Geschichte. Frankfurt/M 1983 (Cambridge 1981)
Rajchman 1985. John Rajchman: Michel Foucault. The Freedom of Philosophy. New York 1985
Rorty 1982. Richard Rorty: Consequences of Pragmatism. Essays 1972–1980. Minneapolis 1982
Ross 1985. Stephen Ross: Foucault's Radical Politics. In: Praxis International 5/1985
Russo 1973. François Russo: L'archéologie du savoir de Michel Foucault. In: Archives de philosophie 36/1, 1973
Sartre 1966. Jean-Paul Sartre: Sartre repond. In: Quinzaine littéraire 14/1966
Schiwy 1969. Günther Schiwy: Der französische Strukturalismus. Mode, Methode, Ideologie. Reinbek 1969
Schlesier 1984. Renate Schlesier: Humaniora. Eine Kolumne. In: Merkur 429, 1984
Schürmann 1985. Reiner Schürmann: „What Can I do": In an Archeological-Geneological History. In: The Journal of Philosophy 82/1985
Seitter 1980. Walter Seitter: Ein Denken im Forschen. Zum Unternehmen einer Analytik bei Michel Foucault. In: Philosophisches Jahrbuch 87, 1980
Sheridan 1980. Alan Sheridan: Michel Foucault. The Will to Truth. London 1980
Sloterdijk 1972. Peter Sloterdijk: Michel Foucaults strukturale Theorie der Geschichte. In: Philosophisches Jahrbuch 79, 1972
Smart 1983. Barry Smart: Foucault, Marxism and Critique. London 1983
Taylor 1984. Charles Taylor: Foucault on Freedom and Truth. In: Philosophy and the Human Sciences. Philosophical Papers 2. Cambridge 1895. Zuerst in: Political Theory 12, 1984
Veyne 1978. Paul Veyne: Comment on écrit l'histoire. Suivi de: Foucault révolutionne l'histoire. Zweite Auflage: Paris 1979

Veyne 1985. Ders.: E possibile una morale per Foucault. In: aut-aut 208, 1985
Wahl 1968. François Wahl: Die Philosophie diesseits und jenseits des Strukturalismus. In: ders.: Einführung in den Strukturalismus. Frankfurt/M 1973 (Paris 1968)
Weinert 1982. Friedel Weinert: Die Arbeit der Geschichte. Ein Vergleich der Analysemodelle von Kuhn und Foucault. In: Zeitschrift für allgemeine Wissenschaftstheorie XIII/2, 1982

C. Weitere Literatur

Althusser 1965. Louis Althusser: Für Marx. Frankfurt/M 1968 (Paris 1965)
Althusser 1968. Ders., Etienne Balibar: Das Kapital lesen. Reinbek 1972. (Paris 1965; zweite Ausgabe: Paris 1968; die deutsche Übersetzung folgt der zweiten Ausgabe)
Althusser 1972. Ders.: Lenin und die Philosophie. Reinbek 1974 (Paris 1972)
Althusser 1974. Ders.: Philosophie et philosophie spontanée des savants. Paris 1974. (Der Kurs ist 1967 gehalten worden)
Althusser 1976. Ders.: Positions. Paris 1976
Brühmann 1980. Horst Brühmann: „Der Begriff des Hundes bellt nicht". Das Objekt der Geschichte der Wissenschaften bei Bachelard und Althusser. Wiesbaden 1980
Canguilhem 1972. Georges Canguilhem: Das Normale und das Pathologische. Frankfurt/M, Berlin, Wien 1977 (Paris 1966; zweite Ausgabe 1972)
Canguilhem 1977. Ders: Idéologie et rationalité dans l'histoire des sciences de la vie. Paris 1977
Detienne 1967. Marcel Detienne: Les maîtres de vérité dans la grèce archaïque. Paris 1967
Kantorowicz 1957. Ernst H. Kantorowicz: The King's two Bodies. A Study in Mediaeval Political Theology. Princeton 1957
Rancière 1974. Jacques Rancière: La leçon d'Althusser. Paris 1974
Serres 1969. Michel Serres: Hermès I. La communication. Paris 1969
Serres 1972. Ders.: Hermès II. L'interférence. Paris 1972
Serres 1975. Ders.: Esthétiques. Sur Carpaccio. Paris 1975
Vernant 1957. Jean Pierre Vernant: Du mythe à la raison. La formation de la pensée positive dans la Grèce archaïque. In: Mythe et pensée chez les Grecs. Paris 1965. Zuerst in: Annales E. S. C. 1957

3. Zeittafel

1926 15. Oktober: Geburt von Michel Foucault in Poitiers.
1946 Eintritt in die Pariser Ecole normale supérieure. Schüler von Louis Althusser. Studium der Philosophie und Psychologie.
1951 Agrégation in Philosophie.
1952 Diplom für Psychopathologie.
1955 Lektor an der Universität von Uppsala.
1958 Direktor des Centre français der Universität von Warschau.
1959 Direktor des Französischen Instituts in Hamburg.
1961 *Histoire de la folie* (Wahnsinn und Gesellschaft. 1969) und die Übersetzung von Kants *Anthropologie* bilden die philosophische Doktorats-These.
1962 Professor an der Universität von Clermont-Ferrand.
1963 *Naissance de la clinique* (Die Geburt der Klinik. 1973).
1966 Lehrtätigkeit an der Universität von Tunis. *Les mots et les choses* (Die Ordnung der Dinge. 1971).
1968 Leiter der philosophischen Abteilung der neugegründeten Universität von Vincennes.
1969 Wahl ans Collège de France. *L'archéologie du savoir* (Die Archäologie des Wissens. 1973).
1970 Inauguralvorlesung am Collège de France. Erste Vorträge in den Vereinigten Staaten und in Japan.
1971 Gründung einer Gefängnis-Informationsgruppe. Beginn eines politischen Engagements.
1975 Erster Aufenthalt an der Universität von Berkeley. *Surveiller et punir* (Überwachen und Strafen. 1976).
1976 *La volonté de savoir* (Sexualität und Wahrheit. 1977).
1978 Politischer Korrespondent in Iran für eine italienische Tageszeitung. Aufenthalt in Japan.
1981 Beginn der Zusammenarbeit mit der Gewerkschaft CFDT. Engagement für die polnische Opposition.
1983 Organisation eines Seminars über Regierungstechniken des 20. Jahrhunderts an der Universität von Berkeley.
1984 *L'usage des plaisirs. Le souci de soi (Der Gebrauch der Lüste. Die Sorge um sich. 1986)* Foucault stirbt am 25. Juni in Paris.
1986 Gründung des Centre Michel Foucault in Paris.

4. Personenregister

5. *Sachregister*

Große Denker

Herausgegeben von Otfried Höffe

Adorno, von Rolf Wiggershaus (BsR 510)

Albertus Magnus, von Ingrid Craemer-Ruegenberg (BsR 501)

Bacon, von Wolfgang Krohn (BsR 509)

Berkeley, von Arend Kulenkampff (BsR 511)

Camus, von Annemarie Pieper (BsR 507)

Foucault, von Urs Marti (BsR 513)

Freud, von Alfred Schöpf (BsR 502)

Galilei, von Klaus Fischer (BsR 504)

Jaspers, von Kurt Salamun (BsR 508)

Kant, von Otfried Höffe (BsR 506)

Marx, von Walter Euchner (BsR 505)

Piaget, von Thomas Kesselring (BsR 512)

Quine, von Henri Lauener (BsR 503)

Weitere Bände in Vorbereitung